# COLLECTION

DE

# MINÉRALOGIE

DU

## MUSÉUM D'HISTOIRE NATURELLE

---

GUIDE DU VISITEUR

---

PARIS
LABORATOIRE DE MINÉRALOGIE
61, RUE DE BUFFON, 61

—

1896

# COLLECTION DE MINÉRALOGIE

DU

MUSÉUM D'HISTOIRE NATURELLE

---

GUIDE DU VISITEUR

MACON, PROTAT FRÈRES, IMPRIMEURS.

# COLLECTION

DE

# MINÉRALOGIE

DU

## MUSÉUM D'HISTOIRE NATURELLE

---

GUIDE DU VISITEUR

---

PARIS
LABORATOIRE DE MINÉRALOGIE
61, RUE DE BUFFON, 61

1896

# AVANT-PROPOS

La *collection minéralogique* du Muséum vient d'être complétement remaniée.

Le but de cette réorganisation a été, non seulement de mettre la collection au courant des dernières recherches, mais encore d'en faciliter, dans la plus large mesure possible, l'étude aux visiteurs. A cet effet, une classification nouvelle a été suivie [1], des étiquettes pouvant servir de memento ont été placées en tête de chaque espèce, un catalogue par fiches a été mis à la disposition du public, enfin des séries spéciales (minéraux de la France, gisements des minéraux, etc.) ont été adjointes à la Collection générale, elle-même plus largement développée et enrichie de nombreuses espèces et variétés.

Il m'a paru utile de compléter ces perfectionnements par la publication d'un catalogue sommaire de toutes les espèces et variétés contenues dans la collection, énumé-

1. On peut se rendre compte de l'état de la collection à diverses époques dans les publications suivantes : 1813, *Tableau méthodique des espèces minérales*, par A.-H. Lucas ; — 1855, *Galerie de minéralogie et de géologie*, par J.-A. Hugard. D'autre part, M. Jannettaz a donné une liste alphabétique des espèces contenues dans la collection en 1878, dans le *Guide du géologue à l'Exposition universelle* publié par M. Hébert

rées dans leur ordre de classification, d'une part, et par ordre alphabétique, d'une autre, avec le numéro de la vitrine qu'elles occupent. Le visiteur pourra ainsi sans peine trouver immédiatement les minéraux qui l'intéressent.

Tel est le but de cette brochure, qui sera tenue au courant des autres perfectionnements en voie de préparation.

En 1793, quand fut organisé le *Muséum d'Histoire naturelle*, les minéraux contenus dans le *Cabinet du Jardin du roi*, et en grande partie réunis par Buffon, servirent de noyau à la collection actuelle, qui, depuis lors, s'est accrue par l'acquisition de plusieurs grandes collections particulières[1], par les envois des voyageurs du Muséum, par des achats, fort restreints, d'ailleurs, par suite de la modicité du crédit annuel, et enfin par des dons.

Ne pouvant donner ici la longue liste des donateurs depuis l'origine de la collection (leurs noms sont, du reste, inscrits sur chaque étiquette), je me contenterai de rappeler les noms de ceux qui, dans les dix dernières années, ont le plus contribué à enrichir nos galeries.

MM.

Albertini, Ancarani, Antoine, Bertrand (E.), Berto-

1. Les plus importantes sont les suivantes : Collection de Chantilly (1793), Coll. Weiss (1802), Coll. Brongniart (1823), Cabinet de la Monnaie (Coll. Sage 1825), Coll. Gillet de Laumont, comprenant la collection Romé de l'Isle (1835), Coll. Haüy (1848), Coll. de l'Académie des Sciences (1855), Coll. Dusgate (1874), Coll. Bischoffsheim (1890). Toutes ces collections, sauf celles de Haüy et de M. Bischoffsheim (diamants), ont été fondues dans la collection générale.

lio, Bing, Bischoffsheim (R.), Bombicci, Bouglise (de la), Bouhard, Braly, Bretonnel, Broche, Carnot, Castillo (del), Catat, Césaro, Chapuis, Cornu (M.), Cumenge, Damour, Daubrée, Delage, Dereims, Delessert (E.), Des Cloizeaux, Diguet, Drion, Durandière (de la), Egleston, Filhol, Fouqué, Franchet, Frémy, Fribourg, Frossard, Garreau, Gaubert, Gautier (A.), Gautier (P.), Gentil, Géruzet, Goguel, Gonnard, Gonnel, Gorceix, Gorgeu, Gosselet, Gourdon, Grandidier, Guyot de Grandmaison, Hanks, Hautefeuille, Huet, Hussak, Jannettaz, Jecker, Kunz, Lacroix (A.), Latteux, Leleu, Leriche, Limur (de), Lovisato, Martin (J.), Meunier (Stan.), Michel (L.), Milne-Edwards, Mirabaud (P.), Morineau, Mourgues, Müller (B^on de), Munier-Chalmas, Nentien, Nordenskiöld (B^on A.-E.), Puolti, Rabot, Ramond, Rolland (J.-B.), Schmalz, Schneider, Selopis, Seligmann, Sol, Suberbie, Szabó, Taub, Thollon, Traverso, Ussing, Verbeck, Winchell, Wolf, Yersin.

En remerciant ces généreux donateurs, je fais, avec la certitude d'être entendu, un chaleureux appel à tous ceux qu'intéressent la Minéralogie et l'avenir de notre grande collection nationale.

Paris, *Laboratoire de Minéralogie du Muséum, 61, rue Buffon.*

1^er janvier 1896.

A. Lacroix.

# DISPOSITION DES COLLECTIONS

VOIR LE PLAN

---

En pénétrant sur le péristyle de la *Galerie de Minéralogie*, le visiteur trouve devant lui quelques gros échantillons hors série de minéraux et de roches; laissant à sa droite la porte de la *Bibliothèque*, il entre dans une première salle renfermant les *collections de Haüy*, puis il arrive dans la *Galerie de Minéralogie*, qui comprend, non seulement les collections minéralogiques, mais encore celles de géologie et une partie de celles de paléontologie.

Les *collections minéralogiques* se trouvent exclusivement au rez-de-chaussée de la Galerie : *elles occupent toutes les armoires et vitrines* de son pourtour. La plupart des meubles centraux, ainsi que tous ceux du premier étage, renferment les collections de géologie et de paléontologie.

Les Collections minéralogiques comprennent :

1° La collection générale;

2° Plusieurs collections spéciales;

3° Des échantillons hors série.

---

# COLLECTION GÉNÉRALE

La collection générale est contenue dans les vitrines horizontales et verticales comprises entre les colonnes. Chaque vitrine verticale porte un numéro (**M 1 à M 192**), le numérotage commençant à gauche en entrant.

Les minéraux sont rangés suivant la classification de M. Groth, à laquelle il a été fait des modifications de détail.

Chaque espèce est précédée d'une étiquette générale du modèle ci-après, constituant un memento pour le visiteur. D'une façon générale, pour une espèce donnée, on a placé tout d'abord les cristaux, isolés ou sur gangue, permettant de faire l'histoire cristallographique de la substance : ils sont accompagnés de nombreux modèles en bois ; à la suite sont exposés les échantillons intéressants à des points de vue divers, les variétés ayant reçu des noms spéciaux et enfin les produits d'altération.

Chaque échantillon porte une étiquette indiquant le *nom* de l'espèce ou de la variété, le *lieu d'où il provient*, le *nom du donateur* et enfin *deux numéros* ; tout d'abord celui de la série d'entrée dont fait partie l'échantillon (0 à 95 (années 1800 à 1895), puis un numéro dans la série. C'est ainsi que l'échantillon 95. 132 est le 132e échantillon entré dans la collection en 1895[1].

L'ordre de classification a été rigoureusement suivi dans les armoires horizontales; les armoires verticales renferment les échantillons hors série des espèces contenues dans les vitrines horizontales correspondantes. Quand le besoin s'en est fait sentir, des échantillons de grande taille des espèces contenues dans les deux vitrines horizontales contiguës y ont en outre été placés.

1. Cette indication de l'époque de l'entrée de l'échantillon dans la collection du Muséum n'est absolument exacte qu'à partir de la série 22. En 1822, Brongniart entreprit le catalogue de la collection et distribua tout ce qui existait alors en 22 séries (0 à 21). Ces 22 premières séries contiennent donc non seulement ce qui est entré dans la collection de 1800 à 1822, mais encore les échantillons du *Cabinet du Jardin du Roi* et tous ceux de la période comprise entre l'organisation du Muséum (1793) et 1800. Une série *a* a été faite toutefois pour un petit nombre d'échantillons antérieurs à 1800.

Les tiroirs situés au-dessous des vitrines 1 à 96 renferment les échantillons que le défaut de place n'a pas permis d'exposer. Ils correspondent aux espèces contenues dans les vitrines supérieures (étiquettes jaunes) et dans les vitrines situées symétriquement dans les travées de droite (étiquettes grises).

**Catalogue**. — Un catalogue de toutes les espèces et variétés contenues dans la collection est placé, à la disposition du public, à l'entrée de la galerie, à droite (Voir le plan). Chaque espèce ou variété y est représentée par une fiche mobile reproduisant les indications mentionnées en tête des espèces, avec en outre le numéro de la vitrine renfermant le minéral.

La table alphabétique du présent catalogue tiendra lieu de ce catalogue par fiches.

---

THORITE

Synonymes : *Thorine silicatée*.

Variétés : *Orangite*, *Uranothorite*.

Formule Chimique :

$Th\ Si\ O^4$.

Système Cristallin :

*Quadratique*.

Nature des Gisements :

*Pegmatites*, *Syénites néphéliniques*.

# GRANDES DIVISIONS DE LA COLLECTION

| | | Nos des armoires | |
|---|---|---|---|
| I. | Corps simples natifs[1] ....... | 1 à 9 | Première travée de gauche. |
| II. | Carbures, Sulfures, Séléniures, Tellurures, Phosphures, Arséniures, Antimoniures, Bismuthures .... | 10 à 40 | |
| III. | Sels haloïdes ............... | 41 à 48 | |
| IV. | Oxydes ................... | 49 à 72 | Deuxième travée de gauche. |
| V. | Azotates ................. | 72 | |
| VI. | Carbonates ............... | 73 à 95 | |
| VII. | Sélénites et Manganites ..... | 96 | |
| VIII. | Sulfates, Iodates, Chromates, Molybdates, Tungstates ... | 97 à 114 | Deuxième travée de droite. |
| IX. | Uranates ................. | 115 | |
| X. | Borates, Aluminates, Ferrates, Arsénites, Antimonites .... | 115 à 120 | |
| XI. | Phosphates, Arséniates, Antimoniates, Vanadates ...... | 121 à 137 | |
| XII. | Niobates, Tantalates ........ | 138 à 139 | |
| XIII. | Silicates, Titanates, Zirconates, Thorates, Stannates. | 140 à 144 | |
| | | 145 à 190 | Première travée de droite[1]. |
| XIV. | Composés organiques .... | Vitrine hors série (E) située à gauche de la fenêtre donnant sur la rue de Buffon (derrière la statue de Cuvier). | |

1. Une collection spéciale de diamant et de graphite a été placée dans les vitrines 191 et 192 (1re travée de droite), vis-à-vis de l'armoire n° 1.

# LISTE DES ESPÈCES CONTENUES

DANS LA

# COLLECTION GÉNÉRALE

*(Les espèces sont énumérées dans leur ordre de classification, avec l'indication du numéro des vitrines qui les renferment. Les noms d'espèces sont écrits en romain, ceux des variétés en italiques. Sous la rubrique* ALTÉR. *sont indiqués les produits d'altération ayant reçu des noms spéciaux.)*

| | Armoires et vitrines. |
|---|---|
| **I. Corps simples natifs [1].** | |
| *a)* MÉTALLOÏDES. | |
| Diamant[1] | 1 |
| *Bort, Carbone* | » |
| Graphite | » |
| Soufre | 1-2 |
| *Volcanite* | » |
| Tellure | 3 |
| Arsenic | » |
| Allemontite | » |
| Antimoine | » |
| Bismuth | 3-4 |
| *b)* MÉTAUX. | |
| Platine | 4 |
| Iridplatine | » |
| Iridium | » |
| Iridosmine | 5 |
| *Newjanskite, Sysserskite* | » |
| *Irite* | » |
| Palladium | » |
| Allopalladium | » |
| Fer | » |
| Fers météoriques : *Kamacite, Tænite, Plessite* [2] | » |
| Plomb | » |
| Cuivre | 5-6 |
| Argent | 6-7 |
| Amalgame | » |
| *Arquérite, Bordosite* | » |
| Mercure | » |
| Or | 7-8-9 |
| *Electrum, Rhodite, Porpézite* | » |

1. Une collection hors série de diamant et de graphite se trouve dans les vitrines 191 et 192.

2. Voir au meuble des *Météorites* placé au milieu de la galerie.

| | Armoires et vitrines. |
|---|---|
| **II. Carbures, Sulfures, Séléniures, Tellurures, Phosphures, Arséniures, Antimoniures, Bismuthures.** | |
| *a*) Sulfures, Séléniures des métalloïdes. | |
| Réalgar | 10 |
| Orpiment | » |
| Stibine | 10-11 |
| Bismuthinite | » |
| Guanajuatite | » |
| *Frenzelite* | » |
| Tétradymite | » |
| Joséite | 12 |
| Molybdénite | » |
| *b*) Carbures, Sulfures, Séléniures, etc., des métaux. | |
| Cohenite | 12 |
| Schreibersite | » |
| Rhabdite | » |
| Blende | 13-14 |
| *Cléiophane*, *Schalenblende*, *Marmatite*, *Rahtite*, *Christophite* | » |
| Alabandite | 15 |
| Troilite | » |
| Pentlandite | » |
| Würtzite | » |
| *Spiauterite* | » |
| Érythrozincite | » |
| Greenockite | » |

| | Armoires et vitrines. |
|---|---|
| Millerite | 15 |
| Nickeline | 16 |
| Arite | » |
| Breithauptite | » |
| Hauchecornite | » |
| Pyrrhotine | » |
| Polydymite | 17 |
| *Grünauite* | » |
| Sychnodymite | » |
| Linnéite | » |
| *Siegenite* | » |
| Leucopyrite | » |
| Hauerite | » |
| Pyrite | 17-18-19-20 |
| Cobaltine | 20-21 |
| Gersdorffite | » |
| *Amoïbite*, *Dobschauite*, *Sommarugaïte* | » |
| Corynite | » |
| Ullmannite | » |
| Smaltine | » |
| *Cheleutite* | » |
| Chloanthite | 22 |
| *Chatamite* | » |
| Sperrylite | » |
| Laurite | » |
| Marcasite | » |
| Mispickel | » |
| *Danaïte*, *Plinian* | 23 |
| ALTÉR. *Crucite* | » |
| Glaucodot | » |
| Alloclasite | » |
| Löllingite | » |
| Rammelsbergite | » |
| Skutterudite | » |
| Whitneyite | » |
| Domeykite | » |
| *Condurrite* | » |

| | Armoires et vitrines. |
|---|---|
| Umangite | 23 |
| Galène | 24-25 |
| *Steinmannite, Plumbéine* | » |
| Clausthalite | 26 |
| Zorgite | » |
| Lehrbachite | » |
| Altaïte | » |
| Argyrose | 26-27 |
| Aguilarite | » |
| Naumannite | » |
| Hessite | » |
| Chalcosine | » |
| *Harrisite* | 28 |
| Stromeyerine | » |
| Acanthite | » |
| Berzélianite | 29 |
| Eucaïrite | » |
| Petzite | » |
| Dyscrasite | » |
| Chañarcillite | » |
| Arsenargentite | » |
| Chilenite | » |
| Maldonite | » |
| Métacinabre | » |
| Guadalcazarite | 30 |
| Tiemannite | » |
| Covelline | » |
| Cinabre | 30-31 |
| Lautite | » |
| Sylvanite | » |
| Krennerite | » |
| Calavérite | » |
| Müllerine | » |
| Nagyagite | » |

c) Sulfosels des métaux (Sulfoferrures, etc., Sulfoarséniures, Sulfoantimoniures, etc.).

| | Armoires et vitrines. |
|---|---|
| Daubréelite | 32 |
| Érubescite | » |
| Chalcopyrite | 32-33 |
| Carrolite | » |
| Sternbergite | » |
| Frieséite | » |
| Livingstonite | » |
| Guéjarite | » |
| Berthiérite | » |
| Chalcostibite | » |
| Sartorite | 34 |
| Lorandite | » |
| Emplectite | » |
| Zinkenite | » |
| Galénobismutite | » |
| *Alaskaïte* | » |
| Miargyrite | » |
| Plagionite | » |
| Binnite | » |
| Klaprotholite | » |
| Schirmerite | » |
| Dufrénoysite | 35 |
| Jamesonite | » |
| *Hétéromorphite, Plumosite, Zundererz* | » |
| Semseyite | » |
| Cosalite | » |
| *Bjelkite* | » |
| Schapbachite | » |
| Brongniardite | » |
| Diaphorite | 36 |
| Freieslébenite | » |

| | Armoires et vitrines. |
|---|---|
| Wittichenite | 36 |
| Boulangérite | » |
| *Embrithite*, *Plumbostib* | » |
| Bournonite | » |
| *Wölchite* | » |
| Aikinite | 37 |
| Guitermanite | » |
| Proustite | » |
| Sanguinite | » |
| Xanthoconite | » |
| *Rittingerite* | » |
| Pyrargyrite | 38 |
| Pyrostilpnite | » |
| Panabase | » |
| *Freibergite*, *Schwatzite*, *Aphtonite* | 39 |
| Tennantite | » |
| *Annivite*, *Sandbergerite* | » |
| Jordanite | » |
| Méneghinite | » |
| Géocronite | » |
| Stéphanite | » |
| Beegerite | 40 |
| Polybasite | » |
| Énargite | » |
| Famatinite | » |
| Épiboulangérite | » |
| Kylindrite | » |
| Stannite | » |
| Plumbostannite | » |
| Argyrodite | » |

*d*) Oxysulfures.

| | |
|---|---|
| Kermésite | 40 |
| Voltzine | » |

Armoires et vitrines.

## III. Sels haloïdes.

*a*) Chlorures et Fluorures d'un seul métal.

| | |
|---|---|
| Sylvine | 41 |
| Salmiac | » |
| Sel gemme | 41-42 |
| Huantajayite | » |
| Cérargyrite | » |
| Embolite | » |
| Bromyrite | 43 |
| Iodobromyrite | » |
| Iodyrite | » |
| Coccinite | » |
| Chlorocalcite | » |
| Fluorine | 43-44-45 |
| *Chlorophane*, *Antozonite* | » |
| Sellaïte | 46 |
| Tysonite | » |
| Xantokite | » |
| Calomel | » |
| Cotunnite | » |
| Bischofite | » |
| Fluellite | » |

*b*) Chlorures et Fluorures de plusieurs métaux.

| | |
|---|---|
| Carnallite | 46 |
| Tachyhydrite | » |
| Erythrosidérite | » |
| Cryolite | » |
| Chiolite | » |
| Prosopite | 47 |
| Pachnolite | » |
| Thomsenolite | » |
| *Hagemannite* | » |

| | Armoires et vitrines. |
|---|---|
| Gearksutite | 47 |
| Ralstonite | » |
| Yttrocérite | » |

*c)* FLUOSILICATES.

| | |
|---|---|
| Hiératite | 47 |
| Cryptohalite | » |

*d)* OXYCHLORURES ET OXYFLUORURES.

| | |
|---|---|
| Nocérite | 47 |
| Fluocérite | » |
| Matlockite | » |
| Mendipite | » |
| Schwartzembergite | » |
| Laurionite | 48 |
| Fiedlerite | » |
| Atacamite | » |
| *Atélite* | » |
| Cumengéite | » |
| Pseudoboléite | » |
| Boléite | » |
| Percylite | » |
| Mélanothallite | » |
| Daubréeïte | » |

## IV. Combinaisons oxygénées des corps simples.

*a)* OXYDES [1].

| | Armoires et vitrines. |
|---|---|
| Molybdite | 49 |
| Tungstite | » |
| Arsénolite | » |
| Senarmontite | » |
| Claudétite | 49 |
| Valentinite | » |
| Bismite | » |
| Quartz | 50-51-52-53 |
| *Babelquartz, Quartz hyalin (Cristal de roche)* | 54 |
| *Quartz améthyste, rose* | » |
| » *rubigineux, enfumé* | » |
| » *laiteux, prase, Sidérite, etc.* | 55 |
| *Inclusions dans quartz, Œil-de-chat, Aventurine, etc.* | » |
| *Pseudomorphoses, Œil-de-tigre, etc.* | 56 |
| *Calcédoine, Enhydre* | 57 |
| *Agate (Onyx, Sardoine, etc.), Chrysoprase, Héliotrope, Jaspe* | » |
| Lussatite | » |
| Lutécite | » |
| Tridymite | » |
| *Asmanite* | » |
| Cristobalite | » |
| Mélanophlogite | » |
| Baddeleyite | 58 |
| Brookite | » |
| Arkansite | » |
| Anatase | » |
| *Wiserine* | » |
| Rutile | 58-59 |
| *Sagénite, Nigrine* | » |
| *Ilménorutile* | » |
| Zircon | 59-60 |
| *Azorite* | » |

1. Voir aussi aux Manganites (91), Ferrates (117), Antimoniates (122 et 133).

| | Armoires et vitrines. |
|---|---|
| ALTÉR. *Malacon* | 60 |
| *Callyptolite, Auerbachite* | » |
| *Œrstedite, Cyrtolite* | » |
| *Erdmannite, Alvite* | » |
| Cassitérite | 61-62 |
| *Étain de bois, Ainalite* | » |
| Thorite | » |
| *Orangite, Uranothorite* | » |
| *Eucrasite, Freyalite* | » |
| Polianite | » |
| Plattnerite | » |
| Pyrolusite | » |
| Périclase | 63 |
| Manganosite | » |
| Zincite | » |
| *Calcozincite* | » |
| Corindon | 63-64 |
| *Rubis, Saphir, Saphir astérié, Télésie, Émeraude, Aigue-marine; Topaze, Améthyste orientales* | » |
| *Émeri* | » |
| Oligiste | 65-66-67 |
| *Eisenrose, Raphisidérite* | » |
| Ilménite | » |
| *Crichtonite, Kibdelophane* | » |
| *Washingtonite, Stilpnosidérite, Menaccanite, Hystatite, Isérine* | » |
| Pyrophanite | » |
| Pseudobrookite | » |
| Cuprite | 67-68 |
| *Chalcotrichite* | » |
| Ténorite | » |
| *Mélaconite* | » |
| Massicot | » |
| Minium | » |

| | Armoires et vitrines. |
|---|---|
| ***b) Hydroxydes.*** | |
| Meymacite | 69 |
| Opale | » |
| *Hyalite, Girasol, Hydrophane, Geyserite* | » |
| *Alumocalcite, Forcherite* | » |
| *Glossécolite, Ménilite* | » |
| *Randannite, Fiorite* | » |
| *Silex, Tabaschir* | » |
| Sassoline | 70 |
| Hydrargillite | » |
| *Gibbsite* | » |
| Turgite | » |
| Diaspore | » |
| *Empholite* | » |
| Göthite | » |
| *Przibramite, Onégite* | » |
| *Lépidocrocite* | » |
| Acerdèse | 71 |
| Bauxite | » |
| Xanthosidérite | » |
| Limonite | » |
| *Limnite* | » |
| Brucite | 72 |
| *Némalite* | » |
| Eisenbrucite | » |
| Pyrochroïte | » |
| Hydrotalcite | » |
| *Houghite* | » |
| Pyroaurite | » |

## V. Azotates.

### *a)* Azotates.

| | |
|---|---|
| Nitre | 72 |
| Nitratine | » |
| Nitrocalcite | » |

| | Armoires et vitrines. |
|---|---|
| **b) Combinaisons d'azotates et de sulfates.** | |
| Darapskyte | 72 |

## VI. Carbonates.

**a) Carbonates normaux anhydres.**

| | Armoires et vitrines. |
|---|---|
| Calcite[1] | 73-79 |
| *Spath d'Islande* | » |
| *Calcaire de Fontainebleau, Spath satiné, Schieferspath, etc.* | » |
| *Albâtre calcaire* | » |
| *Plumbocalcite, Cuprocalcite, Zincocalcite, Spartaïte, etc.* | 80 |
| Dolomie | 80-81 |
| *Miémite, Tharandite* | » |
| Ankerite | » |
| Giobertite | » |
| *Baudissérite* | » |
| Breunerite | » |
| Pistomésite | 82 |
| Mésitite | » |
| Smithsonite | » |
| *Kapnite* | » |
| *Monheimite, Herrerite* | 83 |
| Diallogite | 83-84 |
| *Manganocalcite* | » |
| Sidérose | 84-85 |
| *Sphérosidérite, Oligonite* | » |
| *Sidéroplésite, Junckerite* | » |
| Sphérocobaltite | 85 |
| Aragonite | 86 |
| » *aphrite* | » |
| *Mossotite, Flos ferri* | » |
| *Iglite, Taraspite* | » |
| *Tarnowitzite* | » |
| Alstonite | 87 |
| Witherite | » |
| Strontianite | » |
| Cérusite | 88-89 |
| *Iglésiasite* | » |
| Barytocalcite | 90 |
| Mysorine | » |

**b) Carbonates basiques.**

| | |
|---|---|
| Hydrozincite | 90 |
| Buratite | » |
| *Reissite* | » |
| Malachite | 90-91 |
| Chessylite | 91-92-93 |
| Hydrocérusite | » |
| Dawsonite | » |

**c) Chloro- et Fluocarbonates.**

| | |
|---|---|
| Bastnæsite | 94 |
| Parisite | » |
| Kischtimite | » |
| Phosgénite | » |

**d) Carbonates renfermant de l'eau de cristallisation.**

| | |
|---|---|
| Teschemacherite | 94 |
| Natron | » |

1. Pour les *marbres* et les *roches calcaires*, voir à la *Collection géologique*.

| | Armoires et vitrines. |
|---|---|
| Trona | 94 |
| Gay-Lussite | » |
| Thermonatrite | » |
| Nesquehonite | 95 |
| Lanthanite | » |
| Tengerite | » |
| Uranothallite | » |
| Voglite | » |
| Randite | » |
| Liebigite | » |
| Hydromagnésite | » |
| *Lancasterite* | » |
| Hydrodolomite | » |
| *Pennite* | » |
| Lansfordite | » |
| Zaratite | » |
| Bismuthite | » |
| *Walthérite* | » |

## VII. Sélénites et Manganites.

### *a*) Sélénites.

| | |
|---|---|
| Chalcoménite | 96 |

### *b*) Manganites.

| | |
|---|---|
| Braunite | 96 |
| *Marceline* | » |
| Haussmannite | » |
| Chalcophanite | » |
| Psilomélane | » |
| Wad | » |
| *Asbolite* | » |
| *Groroïlite* | » |
| *Cacochlore* | » |
| Crednerite | » |

## VIII. Sulfates, Chromates, Iodates, Molybdates et Tungstates.

### *a*) Sulfates, Chromates et Iodates normaux anhydres.

| | Armoires et vitrines. |
|---|---|
| Aphthitalite | 97 |
| Mascagnite | » |
| Taylorite | » |
| Thénardite | » |
| Lautarite | » |
| Dietzeïte | » |
| Taracapaïte | » |
| Langbeinite | » |
| Glauberite | » |
| Anhydrite | » |
| Barytine | 98-99-100 |
| *Volnyne, Michel-Lévyte* | » |
| *Calstronbaryte* | » |
| *Dréelite* | » |
| Célestine | 101-102 |
| *Barytocélestine* | » |
| Anglésite | 103 |
| *Bouglisite* | 104 |
| Hydrocyanite | » |
| Crocoïte | » |

### *b*) Molybdates et Tungstates anhydres.

| | |
|---|---|
| Wulfenite | 104-105 |
| Scheelite | » |
| Cuprotungstite | » |
| *Cuproscheelite* | » |
| Stolzite | » |
| Hübnerite | 106 |
| *Mégabasite* | » |

| | Armoires et vitrines. |
|---|---|
| Wolfram | 106 |
| Ferberite | » |
| Patéraïte | » |

*e*) Sulfates et Chromates basiques.

| | |
|---|---|
| Brochantite | 107 |
| Linarite | » |
| Lanarkite | » |
| Phœnicochroïte | » |
| Dolérophanite | » |
| Euchlorine | » |

*d*) Combinaisons anhydres de sulfates et de chlorures.

| | |
|---|---|
| Caracolite | 107 |
| Connellite | » |

*e*) Combinaisons anhydres de sulfates et de carbonates.

| | |
|---|---|
| Hanksite | 107 |
| Calédonite | » |
| Leadhillite | » |
| *Maxite, Suzannite* | » |

*f*) Combinaisons de sulfates et de borates anhydres.

| | |
|---|---|
| Sulfoborite | 107 |

*g*) Sulfates hydratés d'un seul métal.

| | |
|---|---|
| Mirabilite | 108 |
| *Reussin* | » |

| | Armoires et vitrines. |
|---|---|
| Gypse | 108-109 |
| *Albâtre, Montmartrite* | 110 |
| Kieserite | » |
| Szmikite | » |
| Epsomite | » |
| Goslarite | » |
| Morénosite | » |
| Fauserite | » |
| Mallardite | » |
| Mélantérite | » |
| *Luckite, Bourboulite* | » |
| Pisanite | » |
| Bieberite | 111 |
| Sommairite | » |
| Chalcanthite | » |
| Langite | » |
| *Devilline* | » |
| Herrengrundite | » |
| Serpiérite | » |
| Coquimbite | » |
| *Blakéite* | » |
| Ihléite | » |
| Alunogène | » |
| Amarantite | » |
| *Hohmannite* | » |
| Websterite | » |
| Raimondite | » |
| Carphosidérite | 112 |
| Fibroferrite | » |
| Copiapite | » |
| Apatélite | » |
| Felsöbanyite | » |
| Alumian | » |
| Utahite | » |
| Pissophane | » |
| Johannite | » |
| Zippéite | » |
| Uraconise | » |

| | Armoires et vitrines. |
|---|---|
| Uranocalcite | 112 |
| Medjidite | » |

*h*) Sulfates hydratés de plusieurs métaux.

| | |
|---|---|
| Lœweïte | 113 |
| Syngenite | » |
| Krœhnkite | » |
| Ferronatrite | » |
| Blœdite | » |
| Picromérite | » |
| Polyhalite | » |
| Kalinite | » |
| Boussingaultite | » |
| Halotrichite | » |
| Dietrichite | » |
| Pickeringite | 114 |
| Picroallumogène | » |
| Tschermigite | » |
| Tamarugite | » |
| Rœmerite | » |
| Alunite | » |
| Lœwigite | » |
| Jarosite | » |
| Ettringite | » |
| Botryogène | » |
| Sidéronatrite | » |
| Voltaïte | » |
| Zincaluminite | » |
| Lettsomite | » |
| Euysite | » |
| Woodwardite | » |

*i*) Combinaisons hydratées de sulfates et de chlorures.

| | |
|---|---|
| Kainite | 114 |

| | Armoires et vitrines. |
|---|---|

**IX. Uranates.**

| | |
|---|---|
| Uraninite | 115 |
| *Pechblende* | » |
| Brœggerite | » |
| Clévéite | » |

**X. Aluminates, Ferrates, Borates, Antimonites, Arsénites.**

*a*) Aluminates anhydres.

Groupe des Spinellides :

| | |
|---|---|
| Spinelle | 115 |
| Pléonaste | » |
| Hercynite | » |
| Picotite | » |
| Gahnite | » |
| *Dysluite* | » |
| Chromite | 116 |
| Jacobsite | » |
| Franklinite | » |
| Magnésioferrite | » |
| Magnétite | 117-118 |
| *Aimant, Dimagnétite* | » |
| ALTÉR. *Martite* | » |
| Magnetostibian | » |
| Delafossite | » |
| Plumboferrite | » |
| Cymophane | » |
| *Alexandrite* | » |

*b*) Borates anhydres.

| | |
|---|---|
| Ludwigite | 119 |
| Pinakiolite | » |
| Sussexite | » |
| Szaibélyite | » |

| | Armoires et vitrines. |
|---|---|
| Jérémějéwite | 119 |
| Rhodizite | » |

*c*) Combinaisons de borates et de chlorures anhydres.

| | |
|---|---|
| Boracite | 119 |

*d*) Borates hydratés.

| | |
|---|---|
| Pinnoïte | 120 |
| Lagonite | » |
| Borax | » |
| Ulexite | » |
| Pandermite | » |
| Colemanite | » |
| Cryptomorphite | » |
| Hydroboracite | » |
| Larderellite | » |

*e*) Arsénites et Antimonites.

| | |
|---|---|
| Roméine | 120 |
| Nadorite | » |
| Ecdémite | » |
| Partzite | » |
| Stetefeldite | » |
| Coronguïte | » |
| Ammiolite | » |

XI. **Phosphates, Arséniates, Vanadates, Antimoniates.**

*a*) Phosphates, etc. anhydres, acides et normaux.

| | Armoires et vitrines. |
|---|---|
| Berzéliite | 121 |
| *Pyrrhoarsénite* | » |
| Tilasite | 121 |
| Caryinite | » |
| Béryllonite | » |
| Triphylline | » |
| *Tétraphylline* | » |
| ALTÉR. *Pseudotriplite, Hétérosite, Mélanchlore* | » |
| Lithiophyllite | » |
| Alluaudite | » |
| Xénotime | » |
| Monazite | 122 |
| *Turnerite, Edwardsite* | » |
| *Mengite, Kårarfvéite, Urdite* | » |
| Cervantite | » |
| Pucherite | » |

*b*) Chloro- et Fluophosphates anhydres et sels basiques.

| | |
|---|---|
| Apatite | 122-123 |
| *Moroxite, Pierre d'asperge, Francolite* | » |
| *Manganapatite, Cuproapatite, Agustite* | » |
| *Staffélite, Hydroapatite* | » |
| *Talcapatite, Pseudoapatite, Phosphorite* | » |
| *Ostéolite, Sombrérite* | 124 |
| Svabite | » |
| Pyromorphite | » |
| *Polysphérite* | » |
| *Nuissiérite* | » |
| *Miésite* | » |
| Campylite | 125 |
| Mimétite | » |
| Vanadinite | » |

| | Armoires et vitrines. |
|---|---|
| Hédyphane | 125 |
| *Pléonectite* | » |
| Amblygonite | 126 |
| Montebrasite | » |
| *Hébronite* | » |
| Durangite | » |
| Herderite | » |
| Libethenite | » |
| Adamine | » |
| Olivénite | 127 |
| Descloizite | » |
| *Cuprodescloizite* | » |
| *Ramirite* | » |
| Eusynchite | » |
| Calciovolborthite | » |
| Dechenite | » |
| Brackebuschite | » |
| Chiléite | » |
| Volborthite | » |
| Wagnerite | » |
| *Kjerulfine* | » |
| Triplite | 128 |
| *Talctriplite, Eisenapatite, Sarcopside* | » |
| *Zwieselite* | » |
| Griphite | » |
| Triploïdite | » |
| Sarkinite | » |
| *Polyarsénite* | » |
| Érinite | » |
| Dihydrite | » |
| Lunnite | » |
| *Ehlite, Kupferdiaspore* | » |
| Clinoclasite | » |
| Dufrénite | 129 |
| Klaprothine | » |
| Tetragophosphite | » |
| Arséniosidérite | » |
| Arséniopléite | 129 |
| Pleurasite | » |
| Atélestite | » |
| Manganostibiite | » |
| *Hématostibiite* | » |
| Allactite | » |
| Flinkite | » |
| Synadelphite | » |
| Hématolite | » |
| Chlorotile | » |
| Lavendulan | » |

*c*) COMBINAISONS DE PHOSPHATES ET DE CHROMATES OU DE SULFATES.

| | |
|---|---|
| Vauquelinite | 130 |
| Laxmannite | » |
| Diadochite | » |
| *Destinézite, Ficinite* | » |

*d*) PHOSPHATES, ARSÉNIATES, ETC., HYDRATÉS.

α) SELS NORMAUX.

| | |
|---|---|
| Phosphammite | 130 |
| Struvite | » |
| *Guanite* | » |
| Dickinsonite | » |
| Fairfieldite | » |
| Rosélite | » |
| Brandtite | » |
| Messelite | » |
| Reddingite | » |
| Hopéite | 131 |
| Bobierrite | » |
| Picropharmacolite | » |
| Hautefeuillite | » |
| Vivianite | » |
| *Fer azuré, Mullicite* | » |

| | Armoires et vitrines. |
|---|---|
| Hœrnesite | 131 |
| Symplésite | » |
| Erythrine | » |
| *Rhodoïse* | » |
| Annabergite | 132 |
| Cabrérite | » |
| Kœttigite | » |
| Rhabdophane | » |
| Variscite | » |
| *Planerite* | » |
| Barrandite | » |
| Strengite | » |
| Scorodite | » |
| Zépharowichite | 133 |
| Koninckite | » |
| Liskeardite | » |
| Churchite | » |

β) Sels acides.

| | |
|---|---|
| Stercorite | 133 |
| Hannayite | » |
| Brushite | » |
| ALTÉR. *Ornithite*, *Zeugite* | » |
| Pharmacolite | » |
| Newberyite | » |
| Wapplerite | » |
| Huréaulite | » |
| Bleiniérite | » |
| Stibiconise | » |
| Barcenite | » |
| Henwoodite | » |
| Minervite | » |

γ) Sels basiques.

| | Armoires et vitrines. |
|---|---|
| Hémafibrite | 133 |
| Chondroarsénite | » |
| Ludlamite | 134 |
| Conichalcite | » |
| Bayldonite | 134 |
| Tagilite | » |
| Euchroïte | » |
| Cornwallite | » |
| Leucochalcite | » |
| Tyrolite | » |
| Chalcophyllite | » |
| Veszélyite | » |
| Pharmacosidérite | » |
| Éléonorite | » |
| Richellite | » |
| Wawellite | » |
| *Striegisan*, *Lasionite* | 135 |
| Turquoise | » |
| *Odontolite* | » |
| Sphérite | » |
| Péganite | » |
| Fischerite | » |
| Cacoxène | » |
| Evansite | » |
| Cœruléolactite | » |
| Delvauxite | » |
| Mazapilite | » |
| Boryckite | » |
| Éosphorite | » |
| Childrenite | 136 |
| Chenevixite | » |
| Chalcosidérite | » |
| *Andrewsite* | » |
| Liroconite | » |
| Goyazite | » |
| Plumbogummite | » |
| Phosphuranylite | » |
| Trœgerite | » |
| Autunite | » |
| Uranospinite | » |
| Uranocircite | » |
| Chalcolite | 137 |

| | Armoires et vitrines. |
|---|---|
| Zeunerite | 137 |
| Mixite | » |
| Walpurgite | » |
| Morinite | » |

*e*) Combinaisons hydratées d'antimoniates et de carbonates.

| | |
|---|---|
| Rivotite | 137 |

*f*) Combinaisons hydratées de phosphates, d'arséniates, et de sulfates.

| | |
|---|---|
| Beudantite | 137 |
| *Dernbachite* | » |
| Lossenite | » |
| Svanbergite | » |
| Rhodophosphite | » |
| Lindackerite | » |
| Pitticite | » |
| *Ganomatite* | » |

## XII. Niobates et Tantalates.

| | |
|---|---|
| Fergusonite | 138 |
| *Tyrite*, *Bragite*, *Arrhenite* | » |
| Sipylite | » |
| Pyrochlore | » |
| Koppite | » |
| Hatchettolite | » |
| Microlite | » |
| Pyrrhite | » |
| Niobite | 138-139 |
| Tantalite | » |
| Skogbölite | » |
| Ixiolite | » |
| Tapiolite | » |
| Yttrotantalite | 139 |
| Samarskite | » |
| *Vietinghofite* | » |
| Rogersite | » |
| Ånnerödite | » |
| Hjelmite | » |
| Æschynite | » |
| Polymygnite | » |
| Euxénite | » |
| Polycrase | » |

## XIII. Silicates, Titanates, Zirconates, Thorates, Stannates.

*a*) Silicates, etc., basiques.

| | Armoires et vitrines. |
|---|---|
| Saphirine | 140 |
| Warwickite | » |
| Mélanocérite | » |
| Steenstrupite | » |
| Prismatine | » |
| *Kornerupine* | » |
| Staurotide | » |
| *Granatite*, *Xantholite* | » |
| Dumortiérite | 141 |
| Zunyite | » |
| Calamine | » |
| *Moresnetite* | » |
| ALTÉR. *Vanuxémite* | » |
| Tritomite | » |
| Andalousite[1] | 142 |
| *Chiastolite* | » |
| Sillimanite | » |
| *Xénolite*, *Fibrolite* | » |
| *Bucholzite*, *Monrolite* | » |
| *Bamlite* | » |
| ALTÉR. *Éphésite* | » |

1. Voir arm. 67, Pseudobrookite.

| | Armoires et vitrines. |
|---|---|
| Disthène | 142-143 |
| *Rhætizite* | » |
| Topaze | 143-144 |
| *Pycnite, Pyrophysalite* | » |
| Gehlenite | 145 |
| Datolite | » |
| *Botryolite* | » |
| ALTÉR. *Haytorite* | » |
| Homilite | » |
| Gadolinite | » |
| Yttrialite | » |
| ALTÉR. *Rowlandite* | » |
| Euclase | 146 |
| Tourmaline | » |
| *Rubellite, Indicolite* | 147 |
| *Achroïte, Aphrisite* | » |
| *Dravite, Taltalite* | » |
| Carpholite | 148 |
| Lawsonite | » |
| Bertrandite | » |
| Kentrolite | » |
| Mélanotékite | » |
| Ilvaïte | » |
| Humite | » |
| Chondrodite | 149 |
| Clinohumite | » |
| Ardennite | » |
| Långbanite | » |
| Helvite | » |
| ALTÉR. *Achtaragdite* | » |
| Danalite | » |
| Zoïsite | » |
| *Illuderite, Thulite* | » |
| Fouquéite | » |
| Épidote | 150 |
| *Arendalite, Oisanite* | » |
| Piémontite | 151 |
| *Withamite* | » |

| | Armoires et vitrines. |
|---|---|
| Allanite | 151 |
| *Orthite, Ouralorthite* | » |
| *Pyrorthite, Bodenite* | » |
| *Bucklandite* | » |
| Cérite | » |
| Idocrase | 151-152-153 |
| *Wiluite, Cyprine* | » |
| *Manganidocrase, Hétéromérite, Jewreinowite* | » |
| *Frugårdite, Loboïte* | » |
| *Égérane* | » |

*b)* ORTHOSILICATES.

| | |
|---|---|
| Groupe des PÉRIDOTS : | |
| Monticellite | 153 |
| *Batrachite* | » |
| Forsterite | » |
| *Boltonite* | » |
| Olivine | 153-154 |
| *Glinkite, Hyalosidérite* | » |
| ALTÉR. *Villarsite* | » |
| Titanolivine | » |
| Fayalite | » |
| *Néochrysolite* | » |
| Hortonolite | » |
| Rœpperite | » |
| Téphroïte | » |
| ALTÉR. *Hydrotéphroïte* | » |
| Knebelite | » |
| *Igelströmite* | » |
| Phénacite | » |
| Willemite | 155 |
| Troostite | » |
| Danburite | » |
| Barsowite | » |
| Eulytine | » |
| Agricolite | » |

| | Armoires et vitrines. |
|---|---|
| Groupe des Grenats : | |
| Grossulaire | 156 |
| *Romanzovite, Pyrénéite* | » |
| *Essonite, Xalostocite* | » |
| Ouwarowite | » |
| Mélanite | » |
| *Diamantoïde, Aplôme* | » |
| *Topazolite, Jelletite* | » |
| *Rothoffite* | » |
| Almandin | 157 |
| Spessartine | » |
| Pyrope | » |
| Schorlomite | 158 |
| *Iwaarite* | » |
| Dioptase | » |
| Chrysocole | » |
| *Sommervillite, Aspérolite* | » |
| Bementite | » |
| Kryptotile | » |
| Prehnite | 158-159 |
| *Coupholite* | » |
| Axinite | » |
| Friedelite | » |
| Pyrosmalite | » |
| Groupe des Micas : | |
| Biotite | 159-160 |
| *Méroxène, Barythiotite, Anomite, Manganophyllite, Rubellane* | » |
| *Pseudobiotite, Phlogopite, Lépidomélane, Ptérolite* | » |
| ALTÉR. *Vermiculite, Jefferisite, Voigtite, Protovermiculite, Vaalite, Rectorite, Caswellite, Bastonite* | » |

| | Armoires et vitrines. |
|---|---|
| Zinnwaldite | 161 |
| *Cryophyllite* | » |
| Alurgite | » |
| Lépidolite | » |
| *Cookeïte* | » |
| Muscovite | » |
| *Adamsite* | » |
| *Fuchsite, Chromocre* | » |
| *Margarodite, Nacrite* | » |
| *Gilbertite, Gümbelite* | » |
| *Damourite, Séricite* | » |
| *Leigtite, Didymite* | » |
| Paragonite | » |
| *Euphyllite, Cossaïte* | » |
| Roscoelite | » |
| Groupe des Clintonites : | |
| Margarite | 162 |
| *Émerylite* | » |
| Xanthophyllite | » |
| *Waluewite* | » |
| Seybertite | » |
| Brandisite | » |
| Chloritoïde | » |
| *Masonite, Sismondine* | » |
| *Venasquite, Ottrélite* | » |
| *Phyllite* | » |
| Groupe des Chlorites : | |
| Clinochlore | » |
| *Leuchtenbergite, Kotschubéite* | » |
| Pennine | 163 |
| *Kämmererite* | » |
| *Rhodochrome, Pseudophite* | » |
| *Tabergite, Talcchlorite* | » |
| Corundophyllite | » |

| | Armoires et vitrines. |
|---|---|
| Ripidolite | 163 |
| *Helminthe, Métachlorite, Grengésite* | » |
| Thuringite | » |
| Chamosite | » |
| *Berthiérine, Bavalite* | » |
| Aphrosidérite | » |
| Delessite | » |
| Klementite | » |
| Cronstedtite | » |
| *Lillite* | » |
| Stilpnomélane | » |
| *Chalcodite* | » |
| Striegovite | » |
| Diabantite | » |
| Ekmannite | » |
| Épiphanite | » |
| Ærinite | » |
| Pilinite | » |
| Céladonite | » |
| Glauconie | » |
| Bravaisite | » |
| Hisingerite | » |
| *Degéroïte, Gillingite* | » |
| *Jollyte, Skotiolite* | » |
| *Hullite, Thraulite* | » |
| Caryopilite | » |
| Penwithite | » |
| Spadaïte | » |
| Saponite | 164 |
| *Bowlingite, Cathlinite* | » |
| *Thalite* | » |
| Thermophyllite | » |
| Pilolite | » |
| Magnésite | » |
| *Écume de mer, Quincyte, Aphrodite, Pierre de savon du Maroc* | » |

| | Armoires et vitrines. |
|---|---|
| Groupe de l'Antigorite : | |
| Antigorite | 164 |
| *Baltimorite, Bastite* | » |
| *Williamsite, Bowenite* | » |
| *Marmolite* | » |
| Chrysotile | » |
| *Métaxite, Picrolite* | » |
| Xylotile | » |
| Picrosmine | » |
| Deweylite | » |
| *Cérolite* | » |
| Nouméite | » |
| *Garniérite* | » |
| Rœttisite | » |
| *Genthite, Pimélite* | » |
| *Rewdanskite* | » |
| Annexe : *Hydrophite, Antillite, Pyroïdésine, Vorhauserite, Rétinalite, Dermatine, Pyknotrope, Webskyite* | » |
| Talc | » |
| *Stéatite, Pyrallolite* | » |
| *Rensselaerite* | » |
| Groupe de la Kaolinite : | |
| Kaolinite | 165 |
| *Pholérite, Leverriérite* | » |
| Pyrophyllite | » |
| *Pagodite* | » |
| Annexe : | |
| Argiles | » |
| Halloysite | » |
| *Lenzinite, Sevérite* | » |
| *Savon de Plombières* | » |
| *Glagerite* | » |
| Montmorillonite | » |
| *Confolensite, Delanouite* | » |
| *Stéargillite, Stolpenite* | » |

| | Armoires et vitrines. |
|---|---|
| Cimolite | 165 |
| *Anauxite* | » |
| Allophane | » |
| *Elhuyarite, Keffekilite* | » |
| *Carolathine* | » |
| *Ehrenbergite* | » |
| Collyrite | » |
| *Dillnite* | » |
| Wolkonskoïte | » |
| *Miloschine* | » |
| Nontronite | » |
| *Pinguite, Graménite* | » |

*c*) SILICATES INTERMÉDIAIRES.

| | |
|---|---|
| Mélilite | 165 |
| *Humboldtilite, Zurlite* | » |
| Groupe de la NÉPHÉLINE : | |
| Néphéline | » |
| *Éléolite* | » |
| ALTÉR. *Gieseckite, Lieberite, Persbergite, Dysyntribite* | » |
| Phacélite | 166 |
| Eucryptite | » |
| Microsommite | » |
| *Davyne, Cavolinite* | » |
| Cancrinite | » |
| Groupe de la SODALITE : | |
| Sodalite | » |
| Noséane | » |
| Haüyne | » |
| *Ittnerite* | » |
| *Scolopside* | » |
| Outremer | 166-167 |
| Ganomalite | » |
| Barysilite | » |

| | Armoires et vitrines. |
|---|---|
| Cordiérite | 167 |
| *Saphir d'eau* | » |
| ALTÉR. *Bonsdorffite, Esmarkite, Triclasite* | » |
| *Gigantolite, Praséolite* | » |
| *Pinite, Weissite* | » |
| *Péplolite, Chlorophyllite* | » |
| *Aspasiolite, Pyrargillite* | » |
| *Fahlunite, Gongylite* | » |
| *Cataspilite* | » |
| Sphénoclase | » |
| Mélinophane | » |
| Leucophane | » |
| Astrophyllite | » |

*d*) MÉTASILICATES.

| | |
|---|---|
| Pérowskite [1] | 168 |
| ALTÉR. *Hydrotitanite* | » |
| Knopite | » |
| Dysanalite | » |
| Groupe des PYROXÈNES : | |
| Enstatite | » |
| Bronzite | » |
| Hypersthène | » |
| *Szaboïte, Amblystégite* | » |
| ALTÉR. *Diaclasite, Bastite, Phæstine* | » |
| Diopside | 169 |
| *Alalite, Malacolite, Traversellite, Mussite, Baïkalite* | » |
| *Lawrowite, Sahlite* | » |
| *Diallage* (pr. p[te]) | » |
| *Violane, Anthochroïte* | » |
| ALTÉR. *Pyrallolite, Picrophylle, Ouralite* (pr. p[te]) | » |

1. Voir arm. 67, Ilménite, Pyrophanite.

| | Armoires et vitrines. |
|---|---|
| Hédenbergite | 169 |
| *Coccolite, Astéroïte, Bolophérite* | » |
| Schefferite | » |
| *Urbanite* | » |
| Jeffersonite | » |
| Augite | » |
| *Leucaugite, Fassaïte* | » |
| *Diallage* (pr. p[te]) | 170 |
| *Omphazite, Ægyrinaugite, Titanaugite, Porricine* | » |
| ALTÉR. *Ouralite* | » |
| Ægyrine | » |
| *Acmite* | » |
| Jadéite | » |
| *Chloromélanite* | » |
| Triphane | 171 |
| *Hiddenite* | » |
| ALTÉR. *Killinite, Cymatolite, Eucryptite, Aglaïte, etc.* | » |
| Wollastonite | » |
| *Edelforsite* | » |
| Pectolite | » |
| *Ratholite, Manganpectolite* | » |
| Rosenbuschite | » |
| Cuspidine | » |
| Lavenite | » |
| Wœhlerite | » |
| Johnstrupite | » |
| Mosandrite | » |
| Rinkite | » |
| Rhodonite | 172 |
| *Pajsbergite, Fowlerite, Keatingine* | » |
| ALTÉR. *Photicite, Stratopéite, Néotocite, Allagite, Klipsteinite* | 172 |
| Bustamite | » |
| Babingtonite | » |
| Hiortdahlite | » |

Groupe des AMPHIBOLES :

| | Armoires et vitrines. |
|---|---|
| Anthophyllite | » |
| *Thalactérite, Kupfferite* | » |
| Gédrite | » |
| *Snarumite* | » |
| Grünerite | 173 |
| Cummingtonite | » |
| Dannemorite | » |
| *Asbeferrite, Silfbergite, Hillängsite* | » |
| Richterite | » |
| *Marmairolite* | » |
| Trémolite | » |
| *Hexagonite, Nordenskiöldite* | » |
| *Asbeste (Amiante), Carton de montagne* | » |
| Actinote | » |
| *Jade, Calamite, Byssolite, Amiantoïde* | » |
| *Asbestoïde, Ouralite* | » |
| *Smaragdite* | » |
| Hornblende | » |
| *Kokscharoffite, Édenite* | » |
| *Smaragdite, Pargasite* | » |
| *Breislakite, Acanthoïde* | » |
| *Gamsigradite, Ouralite* | 174 |
| *Pitkärandite, Kirwanite, Barkevicite* | » |
| Glaucophane | » |
| *Gastaldite* | » |
| Arfvedsonite | » |
| Riebeckite | » |

| | Armoires et vitrines. |
|---|---|
| Crocidolite | 174 |
| Ænigmatite | » |
| *Cossyrite* | » |
| Leucite | » |
| Béryl | 175 |
| *Émeraude, Aigue-marine, Rosterite* | 175-176 |
| Pollux | » |

*e*) Polysilicates.

Groupe des Feldspaths :

| | Armoires et vitrines. |
|---|---|
| Orthose | 176-177 |
| *Adulaire, Sanidine* | » |
| *Loxoclase, Valencianite* | » |
| *Pierre de lune, Perthite* | » |
| *Weissigite, Murchisonite* | » |
| *Cassinite* | » |
| Hyalophane | » |
| Microcline | 178 |
| *Amazonite, Chesterlite* | » |
| Anorthose | » |
| Albite | 178-179 |
| *Péricline, Péristérite* | » |
| *Hyposclérite, Cleavelandite, Olafite* | » |
| *Tchermakite, Zygadite* | » |
| Oligoclase | » |
| *Pierre de soleil* | » |
| Andésine | 180 |
| Labrador | » |
| *Hafnefjordite* | » |
| ALTÉR. *Saussurite* | » |
| Bytownite | » |
| Anorthite | » |
| *Indianite, Thiorsauite* | » |
| ALTÉR. *Amphodélite* | » |
| *Rosélane, Rosite* | » |
| *Tankite, Pyrrholite* | » |
| *Polyargite, Lindséite* | 180 |
| *Lépolite* | » |

Groupe des Wernerites :

| | Armoires et vitrines. |
|---|---|
| Marialite | 181 |
| Dipyre | » |
| *Mizzonite, Ontariolite* | » |
| Scapolite | » |
| *Passauite, Porcellanspath, Chelmsfordite* | » |
| Méionite | » |
| *Glaucolite, Nuttalite* | » |
| *Ekebergite, Ersbyite* | » |
| ALTÉR. *Wilsonite, Cacoclasite, Algérite* | » |
| Sarcolite | 182 |
| Epididymite | » |
| Eudidymite | » |
| Sphène | 182-183 |
| *Ligurite, Séméline* | » |
| *Aspidélite, Spinthère* | » |
| *Pictite, Lédérite, Greenovite, Grothite* | » |
| *Eucolittitanite* | » |
| *Castellite* | » |
| ALTÉR. *Xanthitane* | » |
| Keilhauite | » |
| Guarinite | » |
| Neptunite | » |
| Tscheffkinite | » |
| Elpidite | » |
| Catapléite | » |
| *Natroncatapléite* | » |
| Eudialyte | » |
| *Eucolite* | » |
| Pétalite | » |
| *Castor* | » |
| Milarite | » |

### f) Silicates renfermant de l'eau de cristallisation.

Groupe des Zéolites :

| | Armoires et vitrines. |
|---|---|
| Thomsonite | 184 |
| *Mesole, Feroëlite, Comptonite, Chalilite* | » |
| *Scoulerite, Lintonite* | » |
| *Chlorastrolite* | » |
| Hydronéphélite | » |
| *Rauite* | » |
| Mésotype | » |
| *Savite, Galactite* | » |
| *Radiolite, Bergmannite* | » |
| *Spreusstein, Brévicite* | » |
| *Paléonatrolite* | » |
| Mésolite | 185 |
| *Harringtonite* | » |
| Scolécite | » |
| *Poohnalite* | » |
| Edingtonite | » |
| Analcime | » |
| *Picranalcime, Cluthalite, Eudnophite* | » |
| *Euthallite* | » |
| Apophyllite | » |
| *Albine* | » |
| Gyrolite | 186 |
| *Plombiérite* | » |
| Chalcomorphite | » |
| Okenite | » |
| *Dysclasite, Xonoltite* | » |
| Faujasite | » |
| Épistilbite | » |
| Heulandite | » |
| *Beaumontite* | » |
| Brewsterite | 187 |
| Inésite | » |
| *Rhodotilite* | » |
| Ganophyllite | 187 |
| Stilbite | » |
| *Puflerite* | » |
| *Forésite* | » |
| Christianite | 188 |
| *Phillipsite* | » |
| Harmotome | » |
| *Morvenite* | » |
| Offrétite | » |
| Gismondine | » |
| Chabasie | 189 |
| *Phacolite, Acadialite* | » |
| *Haydenite* | » |
| *Herschelite, Seebachite* | » |
| Gmelinite | 190 |
| *Ledererite, Groddeckite* | » |
| Lévyne | » |
| Laumonite | » |
| *Caporcianite* | » |
| *Leonhardite* | » |
| Ptilolite | » |

### g) Combinaisons hydratées de silicates, de carbonates et de sulfates.

| | Armoires et vitrines. |
|---|---|
| Thaumasite | 190 |

### h) Combinaisons hydratées de silicates et d'uranates.

| | Armoires et vitrines. |
|---|---|
| Uranophane | 190 |
| *Uranotile* | » |
| Gummite | » |
| *Thorogummite, Yttrogummite* | » |
| *Éliasite* | » |

| | Armoires et vitrines. |
|---|---|
| **VITRINES HORS SÉRIE** | |
| Collection de Diamant et de Graphite | 191-192 |

## XIV. Composés organiques.

### *a*) Sels organiques.

#### α) Oxalates.

| | |
|---|---|
| Whewellite | E[1] |
| Oxammite | » |
| Humboldtine | » |

#### β) Mellates.

| | |
|---|---|
| Mellite | E |

### *b*) Carbures d'hydrogène.

| | |
|---|---|
| Scheererite | E |
| Hatchettite | » |
| Ozocérite | » |
| Zietrinsikite | » |
| Neftgil | » |
| Fichtelite | » |
| Técorétine | » |
| Dinite | » |
| Ixolyte | » |
| Kœnlite | » |
| Naphtaline | » |

### *c*) Carbures d'hydrogène oxygénés.

#### (Résines.)

| | Armoires et vitrines. |
|---|---|
| Succin | E |
| Rétinite (Ambre) | E |
| *Gédanite, Krantzite* | » |
| *Chemawinite, Schraufite* | » |
| *Jaulingite, Copalite* | » |
| *Pyrorétine* | » |
| Idrialite | » |
| Aragotite | » |
| Bombiccite | » |
| Dopplerite | » |
| Tasmanite | » |
| Dysodyle | » |

### *d*) Annexe.

Mélanges de divers composés organiques.

#### α) Pétroles.

| | |
|---|---|
| Pétrole | E |
| Pissasphalte | » |

#### β) Bitumes.

| | |
|---|---|
| Asphalte | E |
| *Uintahite* | » |
| *Albertite* | » |
| Rétinasphalte | » |
| Élatérite | » |
| *Piauzite* | » |

#### γ) Charbons.

| | |
|---|---|
| Houilles | E |
| *Torbanite* | » |
| Anthracite | » |
| Coke naturel | » |
| Lignite | » |
| *Jayet* | » |

1. Armoire (E) située à côté de la fenêtre de droite, derrière la statue de Cuvier.

# COLLECTIONS SPÉCIALES[1]

## A. COLLECTION DES MINÉRAUX DE LA FRANCE ET DE SES COLONIES.

(*Armoires verticales contre colonnes. Travée de gauche.* $A_1$ à $A_9$.)

Cette collection en *voie de formation* renferme les minéraux des principaux gisements de la France et de ses colonies. Elle contient en particulier les types décrits dans la *Minéralogie de la France*[2]. Il n'a été placé qu'un ou deux échantillons de chaque espèce. Pour plus de détails, voir à la COLLECTION GÉNÉRALE.

## B. COLLECTION TECHNOLOGIQUE.

(*Armoires verticales contre colonnes. Travée de gauche.* $B_1$ à $B_9$.)

Sous ce titre ont été réunis les minéraux, taillés ou polis, employés pour l'ornementation, la bijouterie, etc. A signaler en particulier : la série des coupes d'agate ($B_2$), les objets en jade et en jadéite ($B_3$), en fluorine ($B_4$), en pagodite ($B_6$), etc.

## C. COLLECTION DES GISEMENTS DES MINÉRAUX.

(*Armoires contre colonnes. Travée de droite.* $C_1$ à $C_{17}$.)

Dans la collection générale, les minéraux sont considérés au point de vue intrinsèque : dans cette nouvelle collection *en voie de formation*, ils sont classés au point de vue de leurs gisements et de leurs associations.

On n'a encore exposé que les minéraux des roches éruptives ($C_1$ à $C_{12}$), des roches sédimentaires métamorphisées par les roches éruptives ($C_{13}$ à $C_{16}$) et enfin des cipolins des gneiss ($C_{17}$).

En ce qui concerne les roches éruptives, la classification adoptée est exclusivement minéralogique. En tête de chaque famille ont été placés les principaux types pétrographiques, puis,

1. Voir le plan.
2. A. Lacroix, *Minéralogie de la France et de ses colonies*, Baudry, édit.

à leur suite, les minéraux qu'ils contiennent, en commençant par les minéraux d'origine primaire pour finir par ceux d'origine secondaire.

## D. COLLECTION DE PIERRES PRÉCIEUSES TAILLÉES.

α. Les pierres précieuses de grande valeur ont été réunies avec divers objets d'art dans la première armoire contre colonne (en entrant) dans la travée de droite (D).

Cette collection comprend des séries de *diamant*, de *corindon* (rubis, saphir, émeraude, topaze et améthyste orientales), d'*émeraude*, de *rubis spinelle*, de *topaze*, de *péridot*, de *turquoise*, d'*opale*, d'*améthyste*, de *cristal de roche*, ainsi que de diverses autres pierres : *cymophane* et *alexandrite*, *zircon*, *tourmaline*, *sphène*, *disthène*, etc.

La pièce capitale de cette collection est un saphir d'un beau bleu, taillé en rhomboèdre aigu et pesant 132 $\frac{1}{5}$ carats.

Les plus belles pierres de cette armoire ont été données par l'État en 1796 et en 1887.

A côté de ces pierres précieuses se trouvent des perles fines, des coupes sculptées en jade, en cristal de roche, en agate, en lapis-lazuli (plusieurs d'entre elles sont enrichies de perles et de pierres précieuses), ainsi que divers objets en cristal de roche, en jade, en grenat, etc.

β. *Collection de pierres précieuses de Haüy.* — Cette petite collection, étiquetée par Haüy, contient quelques jolies pierres et une série intéressante d'échantillons d'ambre.

## E. COLLECTION DE CRISTAUX DE DIAMANTS.

Une magnifique collection de cristaux de diamant isolés ou sur gangue a été placée hors série (M 192), à côté de l'armoire aux diamants. Elle a été offerte au Muséum par M. *R. Bischoffsheim*. La vitrine voisine (M 191) renferme une collection de cristaux de diamant; elle contient entre autres un échantillon de *carbone* pesant 321 carats et quelques beaux cristaux de diamant donnés par M. Taub.

## F. COLLECTION DE MINÉRAUX ARTIFICIELS.

Cette collection *en voie d'organisation* n'est pas encore exposée : il a été fait exception toutefois pour une magnifique collection de *rubis* artificiels (procédé Frémy et Verneuil), placée hors série à côté de la statue de Cuvier.

### G. COLLECTION HAÜY.

Cette collection, d'une grande valeur historique, comprend plusieurs milliers d'échantillons étiquetés de la main de l'illustre fondateur de la cristallographie. Elle est rangée suivant sa classification et placée dans la salle d'entrée.

Dans la même salle ont été mises deux vitrines qui renferment une collection de modèles cristallographiques, faits sous direction de Romé de Lisle, d'après les figures de son traité de cristallographie (1783).

## OBJETS PLACÉS HORS SÉRIE

(Voir le plan.)

De nombreux objets sont placés hors série à diverses places de la galerie; voici les principaux :

*Tables* (R et Q) *situées à droite et à gauche du meuble des Météorites.* — R. Gros échantillons de calcite de l'Oisans, etc. — Q. Gros blocs et plaques polies de jade de Sibérie, donnés par M. Alibert. — Belle coupe sculptée de cristal de roche, — petit coffret en ambre sculpté, etc.

*Au-dessus de la vitrine 35.* — Un tableau en mosaïque.

*A côté de la statue de Haüy.* — Trois tables de marqueterie formées avec divers minéraux ou marbres.

*A côté de la statue de Cuvier.* — Collection de graphite et des minéraux qui l'accompagnent, de Sibérie, donnée par M. Alibert (Y).

Deux tables ($P_1$), recouvertes, l'une de marbres d'Espagne, l'autre de diverses roches polies d'Italie.

Gros blocs de cinabre et de réalgar (X), de nouméite de la Nouvelle-Calédonie (V), de quartz du Valais (U).

*A droite de la fenêtre.* — Armoire F renfermant de gros échantillons et faisant pendant à l'armoire E qui renferme les composés organiques de la collection générale.

*Sur les deux tables hors série de la collection géologique* au milieu de la galerie). — Deux vases sculptés en marbre (S).

*A l'extrémité de la galerie.* — O. Un vase monumental en tuf porphyrique.

*A l'entrée de la galerie.* — T. Énorme cristal de quartz hyalin des Alpes, rapporté au Muséum en 1793 par Bonaparte. Enfin, divers gros blocs de minéraux dont l'énumération est donnée dans l'explication du plan ci-joint.

A l'entrée du laboratoire de minéralogie et à côté du *Catalogue par fiches*, se trouve un petit monument en basalte élevé à la mémoire de Dolomieu, le prédécesseur de Haüy dans la chaire de Minéralogie du Muséum.

Sur le perron de la galerie ont été placés quelques gros échantillons de minéraux (*quartz*, *oligiste*, *disthène*, *smithsonite*, etc.).

# TABLE ALPHABÉTIQUE

## DES ESPÈCES ET VARIÉTÉS[1]

Contenues dans la Collection générale, avec indication du numéro des vitrines qui les renferment.

---

| | N°s des vitrines. |
|---|---|
| **A** | |
| Abichite (Clinoclasite) | 128 |
| Abrazite (Gismondine) | 188 |
| Acadialite | 189 |
| Acanthite | 28 |
| Acanthoïde | 173 |
| Acerdèse | 71 |
| Achroïte | 147 |
| Achtaragdite | 149 |
| Acide arsénieux | 49 |
| Acmite | 170 |
| Actinote | 173 |
| Adamine | 126 |
| Adamsite | 161 |
| Adulaire | 177 |
| Ædelforsite (Edelforsite) | 171 |
| Ægyrinaugite | 170 |
| Ægyrine | 170 |
| Ænigmatite | 174 |
| Ærinite | 163 |
| Æschynite | 139 |
| Agalmatolite (Pagodite) | 165 |
| Agate | 57 |
| Aglaïte | 171 |
| Agricolite | 155 |
| Aguilarite | 27 |
| Agustite | 123 |
| Aigue-marine | 176 |
| Aikinite | 37 |
| Aimafibrite (Hémafibrite) | 133 |
| Aimant (Magnétite) | 118 |
| Aimatolite (Hématolite) | 130 |
| Ainalite | 62 |
| Alabandite | 15 |
| Albâtre | 110 |
| Albâtre calcaire | 79 |
| Alalite | 169 |
| Alaskaïte | 34 |
| Albertite | E |
| Albine | 185 |
| Albite | 178 |

1. Afin de faciliter les recherches, les principaux synonymes des espèces ont été ajoutés à cette table; le nom adopté pour les espèces correspondantes est placé entre parenthèses. Ex. : Amphigène (Leucite) signifie : Amphigène — synonyme de Leucite.

Les renvois aux vitrines indiquent seulement la première des vitrines contenant l'espèce cherchée : dans quelques cas, le défaut de place a forcé à mettre dans les armoires verticales des *variétés* non représentées dans la vitrine horizontale correspondante.

La vitrine E se trouve derrière la statue de Cuvier. L'indication *t* concerne des minéraux imparfaitement connus qui ne sont pas exposés.

| | Nos des vitrines. |
|---|---|
| Alexandrite | 118 |
| Algérite | 181 |
| Allactite | 129 |
| Allagite | 172 |
| Allanite | 151 |
| Allemontite | 3 |
| Alloclasite | 23 |
| Allopalladium | 5 |
| Allophane | 165 |
| Alluaudite | 121 |
| Almandin | 157 |
| Alstonite | 87 |
| Altaïte | 26 |
| Alumian | 112 |
| Aluminite (Websterite) | 112 |
| Alumocalcite | 69 |
| Aluns | 114 |
| Alunite | 114 |
| Alunogène | 111 |
| Alurgite | 161 |
| Alvite | 60 |
| Amalgame | 7 |
| Amarantite | 111 |
| Amazonite | 178 |
| Amblygonite | 126 |
| Amblystégite | 168 |
| Ambre (Rétinite) | E |
| Améthyste | 54 |
| Améthyste orientale | 64 |
| Amiante | 173 |
| Amiantoïde | 173 |
| Ammiolite | 120 |
| Ammoniaque sulfatée (Mascagnite) | 97 |
| — chlorurée (Salmiac) | 41 |
| Amoïbite | 21 |
| Amphiboles (Groupe des) | 172 |
| Amphibole-anthophyllite (Cummingtonite) | 173 |
| Amphigène (Leucite) | 174 |
| Amphodélite | 180 |
| Analcime | 185 |
| Anatase | 58 |

| | Nos des vitrines. |
|---|---|
| Anauxite | 165 |
| Andalousite | 142 |
| Andésine | 180 |
| Andradite (Mélanite) | 157 |
| Andrewsite | 136 |
| Anglésite | 103 |
| Anhydrite | 97 |
| Ankerite | 81 |
| Annabergite | 132 |
| Annerödite | 139 |
| Annivite | 39 |
| Anomite | 160 |
| Anorthite | 180 |
| Anorthose | 178 |
| Anthochroïte | 169 |
| Anthophyllite | 172 |
| Anthosidérite | 7 |
| Anthracite | E |
| Antiédrite (Edingtonite) | 185 |
| Antillite | 164 |
| Antigorite | 164 |
| Antimoine natif | 3 |
| — oxydé (Senarmontite) | 49 |
| — — (Valentinite) | 49 |
| — oxysulfuré (Kermésite) | 40 |
| — sulfuré (Stibine) | 10 |
| — sulfuré nickelifère (Ullmannite) | 21 |
| Antimonblüthe (Valentinite) | 49 |
| Antimonnickel (Breithauptite) | 16 |
| Antimonnickelkies (Ullmannite) | 21 |
| Antimonsilber (Dyscrasite) | 29 |
| Antimoine | 3 |
| Antozonite | 45 |
| Apatélite | 112 |
| Apatite | 122 |
| Aphanèse (Clinoclasite) | 128 |
| Aphérèse (Libethenite) | 129 |
| Aphthalose (Aphthitalite) | 97 |

| | N^os des vitrines. |
|---|---|
| Aphrisite | 147 |
| Aphrite | 86 |
| Aphrodite | 164 |
| Aphrosidérite | 163 |
| Aphthitalite | 97 |
| Aphtonite | 39 |
| Aplome | 136 |
| Aphrodite | 164 |
| Apophyllite | 185 |
| Apyrite | 147 |
| Aræoxène (Dechenite) | 127 |
| Aragonite | 86 |
| Aragotite | E |
| Arcanite (Aphthitalite) | 97 |
| Ardennite | 149 |
| Arendalite | 130 |
| Aréquipite | 7 |
| Arfvedsonite | 174 |
| Argent antimonial (Dyscrasite) | 29 |
| — antimonié sulfuré (Pyrargyrite) | 37 |
| — bromuré (Bromyrite) | 43 |
| — corné (Cérargyrite) | 43 |
| — fragile (Stéphanite) | 39 |
| — gris antimonial (Freieslébenite) | 36 |
| — ioduré (Iodyrite) | 43 |
| — muriaté (Cérargyrite | 43 |
| — natif | 6 |
| — rouge antimonial (Pyrargyrite) | 38 |
| — rouge arsénical (Proustite) | 37 |
| — sulfuré argyrose) | 26 |
| — sulfuré antimonifère et cuprifère (Freieslébenite | 36 |
| — sulfuré flexible (Sternbergite) | 34 |
| — sulfuré fragile (Stéphanite | 39 |

| | N^os des vitrines. |
|---|---|
| Argentite (Argyrose) | 26 |
| Argiles | 165 |
| Argyrite (Argyrose) | 26 |
| Argyrodite | 40 |
| Argyrose | 26 |
| Argyrythrose (Pyrargyrite) | 37 |
| Arite | 16 |
| Arkansite | 58 |
| Arksutite (Chiolite) | 46 |
| Arquérite | 7 |
| Arrhénite | 138 |
| Arsenantimonnickelkies (Corynite) | 21 |
| Arsenargentite | 29 |
| Arsenic | 3 |
| — oxydé (Claudétite) | 49 |
| — — (Arsénolite) | 49 |
| — sulfuré (Orpiment, Réalgar) | 10 |
| Arséniopléite | 129 |
| Arséniosidérite | 129 |
| Arsénite (Arsénolite) | 49 |
| Arsenkies (Mispickel) | 22 |
| Arsennickel (Nickeline) | 16 |
| Arsennickelkies (Gersdorffite) | 21 |
| Arsénocrocite (Arséniosidérite) | 129 |
| Arsénolite | 49 |
| Arsénopyrite (Mispickel) | 22 |
| Arsénosidérite (Mispickel) | 22 |
| Asbeferrite | 173 |
| Asbeste | 173 |
| Asbestoïde | 173 |
| Asbolane (Asbolite) | 96 |
| Asbolite | 96 |
| Asmanite | 57 |
| Aspasiolite | 167 |
| Aspérolite | 138 |
| Asphalte | E |
| Aspidélite | 183 |
| Astéroïte | 169 |

| | Nos des vitrines. |
|---|---|
| Astrakanite (Blœdite) | 113 |
| Astrophyllite | 167 |
| Atacamite | 48 |
| Atélestite | 129 |
| Atélite | 48 |
| Atlasite | 1 |
| Auerbachite | 60 |
| Augite | 169 |
| Auralite | 167 |
| Aurichalcite (Buratite) | 90 |
| Automolite (Gahnite) | 116 |
| Autunite | 136 |
| Aventurine | 55 |
| Axinite | 159 |
| Azorpyrrhite (Pyrrhite) | 138 |
| Azorite | 60 |
| Azurite (Chessylite) | 91 |

## B

| | |
|---|---|
| Babelquartz | 53 |
| Babingtonite | 172 |
| Baddeleyite | 58 |
| Baiérine (Niobite) | 138 |
| Baïkalite | 169 |
| Baldogée (Céladonite) | 163 |
| Baltimorite | 164 |
| Bamlite | 142 |
| Barcenite | 133 |
| Barkevicite | 174 |
| Barrandite | 132 |
| Barsowite | 155 |
| Barysilite | 167 |
| Barytbiotite | 160 |
| Baryte carbonatée (Witherite) | 87 |
| — sulfatée (Barytine) | 98 |
| Barytine | 98 |
| Barytocalcite | 90 |
| Barytocélestine | 102 |
| Baryturanite (Uranocircite) | 136 |
| Basiliite | 1 |

| | Nos des vitrines. |
|---|---|
| Bastite | 164, 168 |
| Bastnæsite | 94 |
| Bastonite | 160 |
| Batrachite | 153 |
| Baudissérite | 81 |
| Bauxite | 71 |
| Bavalite | 163 |
| Bayldonite | 134 |
| Beaumontite | 186 |
| Beauxite (Bauxite) | 71 |
| Beegerite | 40 |
| Bementite | 158 |
| Beraunite (Eléonorite) | 134 |
| Bergmannite | 184 |
| Berthiérine | 163 |
| Berthiérite | 33 |
| Bertrandite | 148 |
| Béryl | 175 |
| Béryllonite | 121 |
| Berzélianite | 29 |
| Berzéliite | 121 |
| Berzéline (Haüyne) | 166 |
| Beudantite | 137 |
| Bieberite | 111 |
| Bindheimite (Bleinière) | 133 |
| Binnite | 34 |
| Biotine (Anorthite) | 180 |
| Biotite | 159 |
| Bischofite | 46 |
| Bismite | 49 |
| Bismuth carbonaté (Bismuthite) | 95 |
| — natif | 3 |
| — ocre (Bismite) | 49 |
| — sélénié (Guanajuatite) | 11 |
| — silicaté (Eulytine) | 155 |
| — sulfuré (Bismuthinite) | 11 |
| — sulfuré cuprifère (Wittichenite, etc.) | 36 |
| — sulfuré plomboargentifère (Schapbachite) | 35 |

| | Nos des vitrines. |
|---|---|
| — sulfuré plombocuprifère (Aikinite) | 37 |
| — telluré (Tétradymite, etc.) | 11 |
| — vanadaté (Pucherite) | 122 |
| Bismuthine (Bismuthinite) | 11 |
| Bismuthinite | 11 |
| Bismutite | 95 |
| Bitterspath (Dolomie) | 117 |
| Bitume (Asphalte) | E |
| Bitume visqueux (Pissasphalte) | E |
| Bitume élastique (Elatérite) | E |
| Bjelkite | 35 |
| Blakéite | 111 |
| Bleinière | 133 |
| Blei (Plomb) | 5 |
| Bleiantimonglanz (Zinkenite) | 34 |
| Bleihornerz (Phosgénite) | 94 |
| Bleiglanz (Galène) | 24 |
| Bleiwismuthglanz (Galénobismuthite) | 35 |
| Bleilasur (Linarite) | 107 |
| Blende | 13 |
| Blœdite | 113 |
| Bobierrite | 131 |
| Bodenite | 151 |
| Boléite | 48 |
| Bolophérite | 169 |
| Boltonite | 153 |
| Bombiccite | E |
| Bonsdorffite | 167 |
| Boracite | 119 |
| Borax | 120 |
| Bordosite | 7 |
| Borickite | 135 |
| Bornite (Erubescite) | 33 |
| Boronatrocalcite (Ulexite) | 120 |
| Bort | 1, 191 |
| Botryogène | 114 |
| Botryolite | 145 |

| | Nos des vitrines. |
|---|---|
| Bouglisite | 104 |
| Boulangérite | 36 |
| Bourboulite | 110 |
| Bournonite | 36 |
| Boussingaultite | 113 |
| Bowenite | 164 |
| Bowlingite | 164 |
| Brackebuschite | 127 |
| Bragite | 138 |
| Brandisite | 162 |
| Brandtite | 130 |
| Brauneisenerz (Limonite) | 71 |
| Braunite | 96 |
| Braunspath (Ankerite) | 81 |
| Bravaisite | 163 |
| Brazilite (Baddeleyite) | 58 |
| Breislakite | 174 |
| Breithauptite | 16 |
| Breunnerite | 81 |
| Bréviciite | 184 |
| Brewsterite | 187 |
| Brochantite | 107 |
| Brœggerite | 115 |
| Bromargyrite | 43 |
| Bromite (Bromargyrite) | 43 |
| Bromlite (Alstonite) | 87 |
| Bromyrite (Bromargyrite) | 43 |
| Brongniardite | 35 |
| Bronzite | 168 |
| Brossite (Dolomie) | 80 |
| Brookite | 58 |
| Brucite | 72 |
| Brushite | 133 |
| Bucholzite | 142 |
| Bucklandite | 151 |
| Buntkupfererz (Erubescite) | 33 |
| Buratite | 90 |
| Bustamite | 172 |
| Byssolite | 173 |
| Bytownite | 180 |

## C

| | N°s des vitrines. |
|---|---|
| Cabrérite | 132 |
| Cacheutaïte (Clausthalite) | 26 |
| Cacholong | 69 |
| Cacochlore | 96 |
| Cacoclasite | 181 |
| Cacoxène | 135 |
| Calaïte (Turquoise) | 135 |
| Calamine | 141 |
| Calamite | 173 |
| Calavérite | 31 |
| Calcaire de Fontainebleau | 73 |
| Calcaréobaryte | 100 |
| Calcédoine | 36 |
| Calciovolborthite | 127 |
| Calcite | 73 |
| Calcouranite (Autunite) | 136 |
| Calcozincite | 63 |
| Calédonite | 107 |
| Caliche (Nitratine) | 72 |
| Calomel | 46 |
| Calstronbaryte | 100 |
| Calyptolite | 60 |
| Campylite | 125 |
| Canaanite | 169 |
| Cancrinite | 166 |
| Candite (Spinelle) | 115 |
| Caoutchouc minéral (Elatérite) | E |
| Caporcianite | 190 |
| Caracolite | 107 |
| Carbonado (Carbone) | 1, 191 |
| Carbone | 1, 191 |
| Carbonyttrine (Tengerite) | 95 |
| Carinthine (Actinote) | 173 |
| Carnallite | 46 |
| Carolathine | 165 |
| Carpholite | 148 |
| Carphosidérite | 112 |
| Carphostilbite (Thomsonite) | 184 |
| Carrollite | 33 |
| Carton de montagne | 173 |
| Caryinite | 121 |
| Caryopilite | 163 |
| Cassinite | 177 |
| Cassitérite | 61 |
| Castanite | 112 |
| Caswellite | 160 |
| Castellite | 183 |
| Castelnaudite (Xénotime) | 121 |
| Castillite (Frenzelite) | 11 |
| Castor | 183 |
| Catapléite | 183 |
| Cataspilite | 167 |
| Cathkinite | 164 |
| Catlinite | / |
| Cavolinite | 166 |
| Céladonite | 163 |
| Célestine | 101 |
| Cérargyrite | 42 |
| Cérite | 151 |
| Cérium carbonaté (Lanthanite) | 95 |
| — fluaté (Fluocérite) | 47 |
| — phosphaté (Churchite) | 133 |
| — silicaté (Cérite) | 156 |
| Cérolite | 164 |
| Cérusite | 88 |
| Cervantite | 122 |
| Ceylanite (Spinelle) | 115 |
| Chabasie | 189 |
| Chalcanthite | 111 |
| Chalcocite (Chalcosine) | 27 |
| Chalcodite | 163 |
| Chalcolite | 137 |
| Chalcoménite | 96 |
| Chalcomorphite | 186 |
| Chalcophanite | 96 |
| Chalcophyllite | 134 |
| Chalcopyrite | 32 |
| Chalcosidérite | 136 |
| Chalcosine | 27 |

| | Nos des vitrines. |
|---|---|
| Chalcostibite | 33 |
| Chalcotrichite | 68 |
| Chalilite | 184 |
| Chalybite (Sidérose) | 84 |
| Chamoisite (Chamosite) | 163 |
| Chamosite | 163 |
| Chañarcillite | 29 |
| Chathamite | 22 |
| Chaux arséniatée anhydre (Berzéliite) | 121 |
| — boratée siliceuse (Datolite) | 145 |
| — carbonatée (Calcite) | 72 |
| — — (Aragonite) | 85 |
| — fluatée (Fluorine) | 43 |
| — niobatée (Azorite) | 60 |
| — — (Microlite) | 60 |
| — oxalatée (Whewellite) | E |
| — phosphatée (Apatite) | 122 |
| — silicatée (Okenite) | 186 |
| — — (Wollastonite) | 171 |
| — tungstatée (Scheelite) | 105 |
| — sulfatée (Gypse) | 108 |
| — — Anhydrite | 97 |
| Cheleulite | 21 |
| Chelmsfordite | 181 |
| Chemawinite | E |
| Chènevixite | 136 |
| Chessylite | 91 |
| Chesterlite | 178 |
| Chiastolite | 142 |
| Childrenite | 136 |
| Chiléite | 127 |
| Chilenite | 29 |
| Chiolite | 46 |
| Chloanthite | 22 |
| Chlorargyrite (Cérargyrite) | 42 |
| Chlorastrolite | 184 |
| Chlorites (Groupe des) | 162 |
| Chloritoïde | 162 |
| Chlorocalcite | 43 |
| Chloromélanite | 170 |
| Chloropal (Nontronite) | 165 |
| Chlorophane | 45 |
| Chlorophyllite | 167 |
| Chlorospinel (Pléonaste) | 115 |
| Chlorotile | 129 |
| Chondrarsénite | 133 |
| Chondrodite | 149 |
| Chonicrite | f |
| Christianite | 188 |
| Christianite (Anorthite | 180 |
| Christobalite | 57 |
| Christophite | 14 |
| Chromite | 116 |
| Chromocre | 161 |
| Chrysobéryl (Cymophane) | 118 |
| Chrysocole | 158 |
| Chrysolite (Olivine) | 153 |
| Chrysophane | 46 |
| Chrysoprase | 57 |
| Chrysotile | 164 |
| Churchite | 132 |
| Cimolite | 165 |
| Cinabre | 30 |
| Cinnamonstone (Essonite) | 156 |
| Cire fossile (Ozocérite) | E |
| Claudétite | 49 |
| Clausthalite | 26 |
| Cleavelandite (Albite) | 179 |
| Cléiophane | 14 |
| Clévéïte | 115 |
| Clinochlore | 162 |
| Clinoclasite | 128 |
| Clinohumite | 149 |
| Clintonites (Groupe des) | 162 |
| Cluthalite | 185 |
| Cobalt arséniaté (Erythrine) | 131 |
| Cobalt arsénical (Smaltine) | 21 |
| — gris (Cobaltine) | 20 |
| — oxydé noir (Asbolite) | 96 |
| — sulfaté (Bieberite) | 111 |
| — sulfuré (Linnéite) | 17 |
| Cobaltide (Asbolite) | 96 |
| Cobaltine | 20 |

| | Nos des vitrines. |
|---|---|
| Coccinite | 43 |
| Coccolite | 169 |
| Cœruléolactite | 135 |
| Cohenite | 12 |
| Coke naturel | E |
| Colemanite | 120 |
| Collyrite | 165 |
| Colophonite | 156 |
| Columbite (Niobite) | 138 |
| Comptonite | 184 |
| Condurrite | 23 |
| Confolensite | 165 |
| Conichalcite | 134 |
| Connellite | 107 |
| Cookeite | 161 |
| Copalite | E |
| Copiapite | 112 |
| Coquimbite | 111 |
| Cordiérite | 167 |
| Corindon | 63 |
| Cornaline (Agate) | 57 |
| Cornwallite | 134 |
| Coronguïte | 120 |
| Corundophyllite | 163 |
| Corynite | 21 |
| Cosalite | 35 |
| Cossaïte | 161 |
| Cossyrite | 174 |
| Cotunnite | 46 |
| Coupholite | 159 |
| Couseranite (Dipyre) | 181 |
| Covelline | 30 |
| Craie de Briançon (Talc) | 164 |
| Craitonite (Crichtonite) | 67 |
| Crednerite | 96 |
| Crichtonite | 67 |
| Cristal de roche | 54 |
| Cristobalite | 57 |
| Crocalite (Mésotype) | 184 |
| Crocidolite | 174 |
| Crocoïte | 104 |
| Cromfordite (Phosgénite) | 94 |
| Cronstedtite | 163 |

| | Nos des vitrines. |
|---|---|
| Crucite | 23 |
| Cryolite | 46 |
| Cryophyllite | 161 |
| Cryptohalite | 47 |
| Cryptomorphite | 120 |
| Cuivre arséniaté (Olivénite) | 126 |
| — — (Cornwallite) | 134 |
| — — (Erinite) | 128 |
| — — (Euchroïte) | 134 |
| — — (Liroconite) | 136 |
| — — (Olivénite) | 127 |
| — arséniaté ferrifère (Clinoclasite) | 128 |
| — arsénical (Domeykite) | 23 |
| — carbonaté (Chessylite, Malachite) | 91 |
| — gris (Panabase, Tennantite) | 38 |
| — hydrosiliceux (Chrysocole) | 158 |
| — jaune (Chalcopyrite) | 33 |
| — natif | 5 |
| — noir (Chalcosine) | 27 |
| — oxydé noir (Mélaconise, Ténorite) | 68 |
| — oxydé rouge (Cuprite) | 67 |
| — oxydulé (Cuprite) | 67 |
| — panaché (Erubescite) | 33 |
| — phosphaté (Libethenite) | 126 |
| — — (Tagilite) | 134 |
| — pyriteux (Chalcopyrite) | 33 |
| — pyriteux hépatique (Erubescite) | 33 |
| — sélénié (Eucaïrite) | 29 |
| — — (Berzélianite) | 29 |
| — sulfaté (Chalcanthite) | 111 |
| — sulfuré (Chalcosine) | 27 |

| | Nos des vitrines. |
|---|---|
| – vanadaté (Vanadinite) | 125 |
| — velouté (Lettsomite) | 114 |
| — vitreux (Chalcosine) | 27 |
| Cumengéite | 48 |
| Cummingtonite | 173 |
| Cupréine (Chalcosine) | 27 |
| Cuprite | 67 |
| Cuproapatite | 123 |
| Cuprocalcite | 80 |
| Cuprodescloizite | 127 |
| Cuproscheelite | 105 |
| Cuprotungstite | 105 |
| Cuprouranite (Chalcolite) | 137 |
| Cuspidine | 171 |
| Cyanite (Disthène) | 142 |
| Cyanose (Chalcanthite) | 111 |
| Cyanotrichite (Lettsomite) | 114 |
| Cymatolite | 171 |
| Cymophane | 118 |
| Cyprine | 153 |
| Cyrtolite | 60 |

## D

| | |
|---|---|
| Damourite | 161 |
| Danaïte | 23 |
| Danalite | 149 |
| Danburite | 155 |
| Dannemorite | 173 |
| Darapskyte | 72 |
| Datolite | 145 |
| Daubréeite | 48 |
| Daubréelite | 32 |
| Davreuxite | 7 |
| Davyne | 166 |
| Dawsonite | 93 |
| Dechenite | 127 |
| Dégeroïte | 163 |
| Delafossite | 118 |
| Delanouite | 165 |

| | Nos des vitrines. |
|---|---|
| Delessite | 163 |
| Delphinite (Epidote) | 150 |
| Delvauxite | 135 |
| Demantoid (Diamantoïde) | 156 |
| Dermatine | 164 |
| Dernbachite | 137 |
| Descloizite | 127 |
| Desmine (Stilbite) | 187 |
| Destinézite | 130 |
| Devilline | 111 |
| Devonite (Wavellite) | 134 |
| Dewalquite (Ardennite) | 189 |
| Deweylite | 164 |
| Diabantite | 163 |
| Diaclasite | 168 |
| Diadelphite (Hématolite) | 130 |
| Diadochite | 130 |
| Diallage | 169,170 |
| Diallogite | 84 |
| Diamant | 1, 191 |
| Diamantoïde | 156 |
| Diaphorite | 36 |
| Diaspore | 70 |
| Dichroïte (Cordiérite) | 167 |
| Dickinsonite | 130 |
| Didrimite | 161 |
| Didymite (Didrimite) | 161 |
| Dietrichite | 113 |
| Dietzéite | 97 |
| Dihydrite | 128 |
| Dillnite | 165 |
| Dimagnétite | 118 |
| Dinite | E |
| Diopside | 169 |
| Dioptase | 158 |
| Dioxylite (Lanarkite) | 107 |
| Diphanite (Margarite) | 162 |
| Dipyre | 181 |
| Disomose (Gersdorffite) | 21 |
| Disterite (Brandisite) | 162 |
| Disthène | 142 |
| Dobschauite | 21 |
| Dolérophanite | 107 |

| | Nos des vitrines. |
|---|---|
| Dolomie | 80 |
| Domeykite | 23 |
| Dopplerite | E |
| Dravite (Tourmaline) | 147 |
| Dréelite | 100 |
| Dufrénite | 129 |
| Dufrénoysite | 35 |
| Dumortiérite | 141 |
| Duporthite | / |
| Durangite | 126 |
| Dysanalyte | 168 |
| Dysclasite | 185 |
| Dyscrasite | 29 |
| Dysyntribite | 165 |
| Dysluite | 116 |
| Dysodyle | E |

**E**

| | |
|---|---|
| Ecdémite | 120 |
| Ecume de mer | 164 |
| Edelforsite | 171 |
| Edenite | 173 |
| Edingtonite | 185 |
| Edwardsite | 122 |
| Egérane | 153 |
| Ehlite | 128 |
| Ehrenbergite | 165 |
| Eichwaldite (Jéréméjéwite) | 119 |
| Eisenapatit | 128 |
| Eisenbrucite | 72 |
| Eisenglanz (Oligiste) | 65 |
| Eisenkies (Pyrite) | 17 |
| Eisenkiesel (Quartz ferrugineux) | 54 |
| Eisennickelkies (Pentlandite) | 15 |
| Eisenrose | 67 |
| Eisenvitriol (Mélantérite) | 110 |
| Eisspath | 177 |
| Ekdémite | 120 |
| Ekebergite | 181 |
| Ekmannite | 163 |
| Elasmose (Nagyagite) | 31 |
| Elatérite | E |

| | Nos des vitrines. |
|---|---|
| Electrum | 9 |
| Eléolite | 165 |
| Eléonorite | 134 |
| Elhuyarite | 165 |
| Eliasite | 190 |
| Elpidite | 183 |
| Embolite | 42 |
| Embrithite | 36 |
| Emeraude | 175 |
| Emeraude orientale | 64 |
| Emeri | 64 |
| Emerylite | 162 |
| Empholite | 70 |
| Emplectite | 34 |
| Enargite | 40 |
| Enceladite (Warwickite) | 140 |
| Endellionite (Bournonite) | 36 |
| Engelhardite (Zircon) | 59 |
| Enhydre | 57 |
| Enstatite | 168 |
| Enysite | 114 |
| Eosphorite | 135 |
| Ephésite | 142 |
| Epiboulangérite | 40 |
| Epidote | 150 |
| Epididymite | 182 |
| Epiphanite | 163 |
| Epistilbite | 186 |
| Epsomite | 110 |
| Erdmannite | 60 |
| Erémite (Monazite) | 122 |
| Erinite | 128 |
| Erubescite | 32 |
| Erythrine | 131 |
| Erythrosidérite | 46 |
| Erythrozincite | 15 |
| Esmarkite | 167 |
| Essonite | 156 |
| Etain de bois | 62 |
| — oxydé (Cassitérite) | 62 |
| — sulfuré (Stannine) | 40 |
| Ettringite | 114 |
| Eucaïrite | 29 |

| | Nos des vitrines. |
|---|---|
| Euchlorine | 107 |
| Euchroïte | 134 |
| Euclase | 146 |
| Eucolite | 183 |
| Eucolittitanit | 183 |
| Eucrasite | 62 |
| Eucryptite | 166 |
| Eudyalite | 183 |
| Eudidymite | 182 |
| Eudnophite | 185 |
| Eulytine | 155 |
| Euphyllite | 161 |
| Eusynchite | 127 |
| Euthallite | 185 |
| Euxénite | 139 |
| Evansite | 135 |
| Evigtokite (Gearksutite) | 47 |
| Exanthalose (Mirabilite | 108 |
| Exitèle (Valentinite | 49 |

## F

| | Nos des vitrines. |
|---|---|
| Fahlerz (Panabase) | 38 |
| Fahlunite | 167 |
| Fairfieldite | 130 |
| Famatinite | 40 |
| Fassaïte | 170 |
| Faujasite | 186 |
| Fauserite | 110 |
| Fayalite | 154 |
| Feldspaths (Groupe des) | 176 |
| Felsöbanyite | 112 |
| Fer arséniaté (Pharmacosidérite | 134 |
| — — (Scorodite) | 132 |
| — arsénical (Löllingite, etc. | 23 |
| — azuré (Vivianite) | 131 |
| — boraté (Lagonite | 119 |
| — — (Ludwigite) | 119 |
| — calcaréosiliceux (Ilvaïte) | 148 |
| — carbonaté (Sidérite) | 84 |
| — carburé (Graphite) | 191 |
| — chromaté (Chromite) | 117 |
| — chromé (Chromite) | 117 |
| — hydroxydé (Limonite, Göthite, Turgite) | 70,71 |
| — magnétique (Magnétite) | 118 |
| — météorique | 5 |
| — natif | 5 |
| — oligiste | 65 |
| — oxydé (Oligiste) | 65 |
| — oxydulé (Magnétite) | 118 |
| — oxydulé titanifère (Isérine) | 67 |
| — phosphaté (Vivianite) | 131 |
| — — (Ludlamite) | 134 |
| — spathique (Sidérose) | 84 |
| — spéculaire (Oligiste) | 65 |
| — silicaté (Ilvaïte) | 148 |
| — sulfaté (Mélantérite) | 111 |
| — sulfuré arsénical (Mispickel) | 22 |
| — sulfuré blanc (Marcasite) | 22 |
| — sulfuré jaune (Pyrite | 17 |
| — sulfuré magnétique (Pyrrhotine) | 16 |
| — titané (Ilménite) | 67 |
| Ferberite | 106 |
| Fergusonite | 138 |
| Feroëlite | 184 |
| Ferronatrite | 113 |
| Feuerblende (Pyrostilpnite | 37 |
| Fibroferrite | 112 |
| Fibrolite | 142 |
| Fichtelite | E |
| Ficinite | 130 |
| Fiedlerite | 47 |
| Fiorite | 69 |
| Fischerite | 135 |
| Flinkite | 129 |
| Flos ferri | 86 |
| Flucérine (Fluocérine) | 47 |

| | Nos des vitrines. |
|---|---|
| Fluellite | 46 |
| Fluocérite | 47 |
| Fluorine | 43 |
| Forcherite | 69 |
| Forésite | 187 |
| Forsterite | 153 |
| Fouquéite | 149 |
| Fournétite | 37 |
| Fowlerite | 172 |
| Francolite | 123 |
| Franklinite | 116 |
| Freibergite | 39 |
| Freieslébenite | 36 |
| Frenzelite | 11 |
| Freyalite | 62 |
| Friedelite | 159 |
| Frieséite | 33 |
| Frugârdite | 153 |
| Fuchsite | 161 |

## G

| | |
|---|---|
| Gadolinite | 145 |
| Gahnite | 116 |
| Galactite | 184 |
| Galène | 24 |
| Galénobismuthite | 34 |
| Gallizinite (Goslarite) | 111 |
| Gamsigradite | 174 |
| Ganomalite | 167 |
| Ganomatite | 137 |
| Ganophyllite | 187 |
| Garniérite | 164 |
| Gastaldite | 174 |
| Gay-Lussite | 94 |
| Gearksutite | 47 |
| Gédanite | E |
| Gédrite | 172 |
| Gehlenite | 145 |
| Genthite | 164 |
| Géocronite | 39 |
| Gersdorffite | 21 |

| | Nos des vitrines. |
|---|---|
| Geyserite | 69 |
| Gibbsite | 70 |
| Gieseckite | 165 |
| Gigantolite | 167 |
| Gilbertite | 161 |
| Gillingite | 163 |
| Giobertite | 81 |
| Girasol | 69 |
| Gismondine | 188 |
| Glagerite | 165 |
| Glaserite (Aphthitalite) | 197 |
| Glauberite | 97 |
| Glaucodot | 23 |
| Glaucolite | 181 |
| Glauconie | 163 |
| Glaucophane | 174 |
| Glimmer (Mica) | 160 |
| Glinkite | 154 |
| Glossécollite | 69 |
| Gmélinite | 189 |
| Gœthite | 70 |
| Gold (Or) | 7 |
| Gongylite | 167 |
| Gordaïte (Ferronatrite) | 113 |
| Goslarite | 110 |
| Goyazite | 136 |
| Graménite | 165 |
| Grammatite (Trémolite) | 173 |
| Granat (Grenat) | 155 |
| Graphite | 1,191 |
| Greenlandite (Niobite) | 138 |
| Greenockite | 15 |
| Greenovite | 183 |
| Grenatite | 140 |
| Grenats (Groupe des) | 155 |
| Grengésite | 163 |
| Griphite | 128 |
| Groddeckite | 190 |
| Groroïlite | 96 |
| Grossulaire | 156 |
| Grothite | 183 |
| Grünauite | 17 |
| Grünerde (Céladonite) | 163 |

| | Nos des vitrines. |
|---|---|
| Grünerite | 173 |
| Guadalcazarite | 30 |
| Guanajuatite | 11 |
| Guanite | 130 |
| Guarinite | 183 |
| Guéjarite | 33 |
| Guitermanite | 37 |
| Gümbelite | 161 |
| Gummite | 190 |
| Gymnite (Deweylite) | 164 |
| Gypse | 108 |
| Gyrolite | 186 |

## H

| | |
|---|---|
| Haarkies (Millerite) | 15 |
| Haarsalz (Halotrichite) | 113 |
| Haddamite (Microlite) | 138 |
| Hafnefjordite | 180 |
| Hagemannite | 47 |
| Haidingerite (Berthiérite) | 33 |
| Halite (Sel gemme) | 41 |
| Halloysite | 165 |
| Halotrichite | 113 |
| Hanksite | 107 |
| Hannayite | 133 |
| Harmotome | 188 |
| Harringtonite | 185 |
| Harrisite | 28 |
| Hatchettine | E |
| Hatchettolite | 138 |
| Hauchecornite | 16 |
| Hauerite | 17 |
| Hausmannite | 96 |
| Hautefeuillite | 131 |
| Haüyne | 166 |
| Haydenite | 189 |
| Hayésine (Ulexite) | 120 |
| Haytorite | 145 |
| Hébronite | 126 |
| Hédenbergite | 169 |
| Hédyphane | 125 |
| Héliotrope | 57 |

| | Nos des vitrines. |
|---|---|
| Helminthe | 163 |
| Helvite | 149 |
| Hémafibrite | 133 |
| Hématite (Oligiste) | 65 |
| Hématolite | 129 |
| Hématostibiite | 129 |
| Hémimorphite (Calamine) | 141 |
| Henwoodite | 133 |
| Hétérocline (Rhodonite) | 172 |
| Hétéromérite | 151 |
| Hercynite | 115 |
| Herderite | 126 |
| Herrengrundite | 111 |
| Herrerite | 83 |
| Herschelite | 190 |
| Hessite | 27 |
| Hétéromérite | 153 |
| Hétéromorphite | 35 |
| Hétérosite | 121 |
| Heulandite | 186 |
| Hexagonite | 173 |
| Hiératite | 47 |
| Hiddenite | 171 |
| Hillängsite | 173 |
| Hiortdahlite | 172 |
| Hisingerite | 163 |
| Hitchcockite (Plumbogummite) | 136 |
| Hjelmite | 139 |
| Hœrnesite | 131 |
| Hohmannite | 111 |
| Homilite | 145 |
| Hopéite | 131 |
| Hornblende | 173 |
| Hortonolite | 154 |
| Houghite | 72 |
| Houilles | E |
| Huantajayite | 42 |
| Hübnerite | 106 |
| Hullite | 163 |
| Humboldtine | E |
| Humboldtilite | 165 |
| Humites (Groupe des) | 148 |

| | Nos des vitrines. |
|---|---|
| Huréaulite | 133 |
| Hversalt (Halotrichite) | 113 |
| Hyalite | 69 |
| Hyalophane | 177 |
| Hyalosidérite | 154 |
| Hydrargillite | 70 |
| Hydroapatite | 123 |
| Hydroboracite | 120 |
| Hydrocérusite | 93 |
| Hydrocyanite | 104 |
| Hydrodolomite | 95 |
| Hydrohématite (Turgite) | 70 |
| Hydrolite (Gmelinite) | 189 |
| Hydromagnésite | 95 |
| Hydronéphélite | 184 |
| Hydrophane | 69 |
| Hydrophite | 164 |
| Hydrorutile | / |
| Hydrotalcite | 72 |
| Hydrotéphroïte | 154 |
| Hydrotitanite | 168 |
| Hydrozincite | 90 |
| Hypersthène | 168 |
| Hypochlorite | / |
| Hyposclérite | 179 |
| Hystatite | 67 |

# I

| | |
|---|---|
| Ichthyophthalme (Apophyllite) | 185 |
| Idocrase | 151 |
| Idrialite | E |
| Idrociano (Hydrocyanite) | 104 |
| Igelströmite | 154 |
| Iglésiasite | 89 |
| Iglite | 86 |
| Ihléite | 111 |
| Illuderite | 149 |
| Ilménite | 67 |
| Ilménorutile | 59 |
| Ilvaïte | 148 |
| Indianite | 180 |

| | Nos des vitrines. |
|---|---|
| Indicolite | 147 |
| Indigo copper (Covelline) | 30 |
| Inésite | 187 |
| Iodargyrite | 43 |
| Iodchromate (Dietzéite) | 97 |
| Iodite (Iodargyrite) | 43 |
| Iodobromyrite | 43 |
| Iodyrite | 43 |
| Iolite (Cordiérite) | 167 |
| Iridium | 4 |
| Iridosmine | 5 |
| Iridplatine | 4 |
| Irite | 5 |
| Iron (Fer) | 5 |
| Ironsinter (Pitticite) | 135 |
| Isérine | 67 |
| Ittnerite | 166 |
| Ivaarite | 158 |
| Ivigtite | 161 |
| Ixiolite | 139 |
| Ixolyte | E |

# J

| | |
|---|---|
| Jacksonite (Prehnite) | 158 |
| Jacobsite | 116 |
| Jade | 173 |
| Jadéite | 170 |
| Jamesonite | 35 |
| Jargon (Zircon) | 59 |
| Jarosite | 114 |
| Jaspe | 57 |
| Jaulingite | E |
| Jayet | E |
| Jefferisite | 159 |
| Jeffersonite | 169 |
| Jelletite | 156 |
| Jéréméjéwite | 119 |
| Jewreinowite | 153 |
| Johannite | 112 |
| Johnstrupite | 171 |
| Jollyte | 163 |
| Jordanite | 39 |

Nos des vitrines.

Joséite 12
Junckerite 85
Jurinite (Brookite) 58

## K

Kainite 114
Kalait (Turquoise) 135
Kalinite 113
Kaliophilite (Phacélite) 166
Kalkuranit (Autunite) 136
Kaluszite (Syngenite) 113
Kamacite 5
Kämmererite 163
Kaolin 165
Kaolinite 165
Kapnicite (Wawellite) 134
Kapnite 82
Kårarfveite 122
Karstenite (Anhydrite) 97
Keatingine 172
Keffekilite 165
Keilhauite 183
Kentrolite 148
Kéramohalite (Halotrichite) 113
Kérasine (Phosgénite) 94
Kermésite 40
Kibdélophane 67
Kieserite 110
Killinite 171
Kirwanite 174
Kischtimite 94
Kjerulfine 127
Klaprothine 129
Klapotholite 34
Klementite 163
Klipsteinite 172
Knebelite 154
Knopite 168
Kobaltarsenkies (Glaucodot) 23
Kobaltglanz (Cobaltine) 20
Kobaltnickelkies (Linnéite) 71

Nos des vitrines.

Kobaltblüthe (Erythrine) 131
Kobellite 35
Kokscharoffite 173
Koninckite 133
Könlite E
Koppite 138
Kornérupine 140
Kotschubéite 162
Kottigite 132
Krantzite E
Kraurite (Dufrénite) 129
Krennerite 31
Kröhnkite 113
Kryptotile 158
Kühnite (Berzéliite) 121
Kupferdiaspore 128
Kupferglanz (Chalcosine) 27
Kupferglimmer (Chalcophyllite) 134
Kupferindig (Covelline) 30
Kupferkies (Chalcopyrite) 33
Kupferlasur (Chessylite) 91
Kupfernickel (Nickéline) 16
Kupferpecherz (Chrysocole) 158
Kupfervitriol (Chalcanthite) 111
Kupferwismutherz (Klaprotholite) 34
— (Wittichenite) 36
Kupferwismuthglanz (Emplectite) 34
Kupfferite 172
Kylindrite 40

## L

Låvenite 171
Labrador 180
Lagonite 120
Lanarkite 107
Lancasterite 93
Långbanite 149
Langbeinite 97
Langite 111

| | Nos des vitrines. |
|---|---|
| Lansfordite | 95 |
| Lanthanite | 95 |
| Lanthanocérite (Cérite) | 151 |
| Lapis-lazuli (Outremer) | 166 |
| Larderellite | 120 |
| Lardite (Pagodite) | 165 |
| Lasionite | 135 |
| Latialite (Haüyne) | 166 |
| Laumonite (Laumontite) | 190 |
| Laumontite | 190 |
| Laurionite | 47 |
| Laurite | 22 |
| Lautarite | 97 |
| Lautite | 31 |
| Lavendulan | 129 |
| Lävenite | 171 |
| Lawrowite | 169 |
| Lawsonite | 148 |
| Laxmannite (Vauquelinite) | 130 |
| Lazulite (Klaprothine) | 129 |
| Lazurite (Outremer) | 166 |
| Lead (Plomb) | 5 |
| Leadhillite | 107 |
| Lédererite | 190 |
| Léderite | 183 |
| Lehmannite (Crocoïte) | 104 |
| Lehrbachite | 26 |
| Lenzinite | 165 |
| Léonhardite | 190 |
| Lépidocrocite | 70 |
| Lépidolite | 161 |
| Lépidomélane | 160 |
| Lépolite | 180 |
| Lettsomite | 114 |
| Leucaugite | 169 |
| Leuchtenbergite | 162 |
| Leucite | 174 |
| Leucochalcite | 134 |
| Leucolite (Dipyre) | 181 |
| Leucophane | 167 |
| Leucopyrite | 17 |
| Leucoxène (Sphène) | 182 |
| Leverriérite | 165 |

| | Nos des vitrines. |
|---|---|
| Lévyne | 190 |
| Libethenite | 126 |
| Liebenerite | 165 |
| Liebigite | 95 |
| Liévrite (Ilvaïte) | 148 |
| Lignite | E |
| Ligurite | 183 |
| Lilalite (Lipodolite) | 161 |
| Lillite | 163 |
| Lime (Chaux) | |
| Limnite | 71 |
| Limonite | 71 |
| Linarite | 107 |
| Lindackerite | 137 |
| Lindésite (Urbanite) | 169 |
| Lindsayite | 180 |
| Linnéite | 17 |
| Lintonite | 184 |
| Liroconite | 136 |
| Liskeardite | 133 |
| Lithionite (Lépidolite) | 161 |
| Lithiophilite | 121 |
| Lithomarge | 7 |
| Livingstonite | 33 |
| Loboïte | 153 |
| Löllingite | 23 |
| Lorandite | 34 |
| Lossenite | 137 |
| Lœweïte | 113 |
| Lœwigite | 114 |
| Loxoclase | 177 |
| Luckite | 110 |
| Ludlamite | 134 |
| Ludwigite | 119 |
| Lunnite | 128 |
| Lussatite | 56 |
| Lutécite | 57 |

## M

| | |
|---|---|
| Macle (Chiastolite) | 141 |
| Magnésioferrite | 116 |

| | N^os des vitrines. |
|---|---|
| Magnésite | 164 |
| Magnétite | 117 |
| Magnetkies (Pyrrhotine) | 16 |
| Magnetostibian | 118 |
| Magnoferrite | 116 |
| Malachite | 90 |
| Malacolite | 169 |
| Malacon | 60 |
| Maldonite | 29 |
| Mallardite | 110 |
| Malthe (Pissasphalte) | E |
| Manganapatite | 123 |
| Manganblende (Alabandite) | 15 |
| Manganépidote (Piémontite) | 151 |
| Manganèse boraté (Sussexite) | 119 |
| — carbonaté (Diallogite) | 84 |
| — hydraté (Acerdèse) | 71 |
| — oxydé (Braunite) | 96 |
| — — (Haussmannite) | 96 |
| — — (Pyrolusite, Polianite) | 62 |
| — — (Psilomélane) | 96 |
| — oxydé siliceux (Rhodonite) | 172 |
| — phosphaté (Huréaulite, etc.) | 133 |
| — phosphaté ferrifère (Triplite) | 128 |
| — silicaté (Rhodonite) | 172 |
| — — (Téphroïte) | 154 |
| — sulfuré (Alabandite) | 15 |
| — — (Hauerite) | 17 |
| Manganidocrase | 153 |
| Manganite (Acerdèse) | 71 |
| Mangankies (Hauerite) | 17 |
| Manganocalcite | 84 |
| Manganophyllite | 160 |
| Manganosite | 63 |
| Manganostibiite | 129 |
| Manganpectolite | 171 |
| Marcasite | 22 |

| | N^os des vitrines. |
|---|---|
| Marceline | 96 |
| Margarite | 162 |
| Margarodite | 161 |
| Marialite | 181 |
| Marionite (Hydrozincite) | 86 |
| Marmairolite | 173 |
| Marmatite | 14 |
| Marmolite | 164 |
| Martinsite (Kieserite) | 111 |
| Martite | 118 |
| Mascagnite | 97 |
| Masonite | 162 |
| Massicot | 68 |
| Matlockite | 47 |
| Maxite | 107 |
| Mazapilite | 135 |
| Medjidite | 112 |
| Meerschaum (Ecume de mer) | 164 |
| Mégabasite | 106 |
| Méionite | 181 |
| Mélaconite | 68 |
| Melanchlore | 121 |
| Melanglanz (Stéphanite) | 39 |
| Mélanite | 156 |
| Mélanocérite | 140 |
| Mélanochlore | 121 |
| Mélanochroïte (Phœnicochroïte) | 107 |
| Mélanophlogite | 57 |
| Mélanotékite | 148 |
| Mélanothallite | 48 |
| Mélantérite | 110 |
| Mélilite | 165 |
| Mélinophane | 167 |
| Mélinose (Wülfenite) | 104 |
| Méliphane (Mélinophane) | 167 |
| Mellite | E |
| Ménaccanite | 67 |
| Mendipite | 47 |
| Méneghinite | 39 |
| Mengite | 122 |
| Ménilite | 69 |
| Mennige (Minium) | 68 |

| | N^os des vitrines. |
|---|---|
| Mercure | 7 |
| — antimonié (Ammiolite) | 120 |
| — argental (Amalgame) | 7 |
| — chloruré (Calomel) | 46 |
| — natif | 7 |
| — séléniuré (Tiemannite) | 30 |
| — sulfuré (Cinabre) | 30 |
| — — (Métacinabre) | 26 |
| Méroxène | 160 |
| Mésitite | 82 |
| Mésole | 184 |
| Mésolite | 185 |
| Mésotype | 184 |
| Messelite | 130 |
| Métachlorite | 163 |
| Métacinabre | 29 |
| Métaxite | 164 |
| Meymacite | 69 |
| Miargyrite | 34 |
| Micarelle | 181 |
| Micas (Groupe des) | 159 |
| Michel-Lévyte | 100 |
| Microcline | 178 |
| Microlite | 138 |
| Microsommite | 166 |
| Miémite | 81 |
| Miésite | 124 |
| Milarite | 183 |
| Millerite | 15 |
| Miloschine | 165 |
| Mimétèse (Mimétite) | 125 |
| Mimétite | 125 |
| Minervite | 133 |
| Minium | 68 |
| Mirabilite | 108 |
| Mispickel | 22 |
| Misy (Copiapite) | 112 |
| Mixite | 137 |
| Mizzonite | 181 |
| Modumite (Skutterudite) | 23 |
| Molybdenglanz (Molybdénite) | 12 |

| | N^os des vitrines. |
|---|---|
| Molybdène oxydé (Molybdite) | 94 |
| — sulfuré (Molybdénite) | 12 |
| Molybdénite | 12 |
| Molybdite | 49 |
| Monazite | 122 |
| Monazitoïde (Monazite) | 122 |
| Monheimite | 83 |
| Monrolite | 142 |
| Montebrasite | 126 |
| Monticellite | 153 |
| Montmartrite (Gypse) | 110 |
| Montmorillonite | 165 |
| Morénosite | 110 |
| Moresnétite | 141 |
| Morinite | 137 |
| Moroxite | 123 |
| Morvenite | 188 |
| Mosandrite | 171 |
| Mossottite | 86 |
| Müllerine | 31 |
| Mullicite | 131 |
| Murchisonite | 177 |
| Muscovite | 161 |
| Mussite | 169 |
| Mysorine | 90 |

## N

| | |
|---|---|
| Nacrite | 161 |
| Nadeleisenerz (Göthite) | 71 |
| Nadorite | 120 |
| Nagyagite | 31 |
| Nantokite | 46 |
| Naphte (Pétrole) | E |
| Naphtaline | E |
| Natroborocalcite (Ulexite) | 120 |
| Natrolite (Mésotype) | 184 |
| Natron | 94 |
| Natroncatapléite | 183 |
| Natronorthoklas (Anorthose) | 178 |
| Naumannite | 27 |

| | Nos des vitrines. |
|---|---|
| Neftgil | E |
| Némalite | 72 |
| Néochrysolite | 154 |
| Néoctèse (Scorodite) | 132 |
| Néoplase (Botryogène) | 114 |
| Néotokite | 172 |
| Néphéline | 165 |
| Néphrite (Jade) | 173 |
| Neptunite | 183 |
| Nesquehonite | 95 |
| Newberyite | 133 |
| Newjanskite | 5 |
| Niccolite (Nickéline) | 16 |
| Nickel arséniaté (Annabergite) | 132 |
| Nickel arsénical (Nickéline) | 16 |
| — — (Chloanthite) | 22 |
| — — (Rammelsbergite) | 23 |
| — arséniosulfuré (Gersdorffite) | 21 |
| — carbonaté (Zaratite) | 95 |
| — émeraude (Zaratite) | 95 |
| — gris (Ullmannite) | 21 |
| — silicaté (Nouméite) | 164 |
| — sulfaté (Morénosite) | 110 |
| — sulfuré (Millerite) | 15 |
| Nickelarsenkies (Gersdorffite) | 21 |
| Nickelblüthe (Annabergite) | 132 |
| Nickelgymnite (Genthite) | 164 |
| Nickéline | 16 |
| Nickelglanz (Gersdorffite) | 21 |
| Nickelochre (Annabergite) | 132 |
| Nicopyrite (Pentlandite) | 15 |
| Nigrine | 59 |
| Niobite | 138 |
| Nitratine | 72 |
| Nitre | 72 |
| Nitrocalcite | 72 |
| Nocérite | 47 |
| Nontronite | 165 |
| Nordenskiöldite | 173 |
| Noséane | 166 |
| Nosélite (Noséane) | 166 |
| Nosite (Noséane) | 166 |
| Nouméite | 164 |
| Nuissiérite | 124 |
| Nuttalite | 181 |

## O

| | Nos des vitrines. |
|---|---|
| Octaédrite (Anatase) | 58 |
| Odontolite | 135 |
| Œil-de-chat | 55 |
| Œil-de-tigre | 56 |
| Œrstedite | 60 |
| Offrétite | 188 |
| Oisanite (Anatase) | 58 |
| Oisanite (Epidote) | 150 |
| Okénite | 186 |
| Olafite | 179 |
| Oligiste | 65 |
| Oligoclase | 179 |
| Oligonite | 85 |
| Olivénite | 127 |
| Olivine | 153 |
| Omphazite | 170 |
| Onégite | 70 |
| Ontariolite | 181 |
| Onyx | 57 |
| Opale | 69 |
| Or graphique (Sylvanite) | 31 |
| Or natif | 7 |
| — telluré (Calavérite, etc.) | 31 |
| Orangite | 62 |
| Ornithite | 133 |
| Oropion (Halloysite) | 165 |
| Orpiment | 10 |
| Orthite | 151 |
| Orthoclase (Orthose) | 177 |
| Orthose | 177 |
| Osmiridium (Iridosmine) | 5 |
| Ostéolite | 124 |
| Ottrélite | 162 |

| | Nos des vitrines. |
|---|---|
| Ouralite | 173 |
| Ouralorthite | 151 |
| Outremer | 166 |
| Ouwarowite | 156 |
| Owenite (Thuringite) | 163 |
| Oxacalcite (Whewellite) | E |
| Oxalite (Humboldtine) | E |
| Oxammite | E |
| Ozocérite | E |

## P

| | |
|---|---|
| Pachnolite | 47 |
| Pagodite | 165 |
| Pajsbergite (Rhodonite) | 172 |
| Palæonatrolith | 184 |
| Paligorskite | 7 |
| Palladium | 5 |
| Panabase | 38 |
| Pandermite | 120 |
| Paracolumbite (Ilménite) | 67 |
| Paraffine (Ozocérite) | E |
| Paragonite | 161 |
| Paranthine (Scapolite) | 181 |
| Parastilbite (Epistilbite) | 186 |
| Pargasite | 173 |
| Parisite | 94 |
| Partzite | 120 |
| Passauite | 181 |
| Patéraïte | 106 |
| Patrinite (Aikinite) | 37 |
| Paulite (Hypersthène) | 168 |
| Pechblende (Uraninite) | 115 |
| Pechurane (Uraninite) | 114 |
| Pectolite | 171 |
| Péganite | 135 |
| Péliom (Cordiérite) | 167 |
| Pennine | 163 |
| Pennite | 95 |
| Pentlandite | 15 |
| Penwithite | 163 |
| Péplolite | 167 |
| Pércylite | 48 |

| | Nos des vitrines. |
|---|---|
| Périclase | 63 |
| Péricline | 179 |
| Péridots (Groupe des) | 153 |
| Péristérite | 179 |
| Persbergite | 165 |
| Perthite | 177 |
| Pérowskite | 168 |
| Pétalite | 183 |
| Pétrole | E |
| Petzite | 29 |
| Phacélite | 166 |
| Phacolite | 189 |
| Phæstine | 168 |
| Pharmacolite | 133 |
| Pharmacosidérite | 134 |
| Phénacite | 154 |
| Phengite (Muscovite) | 161 |
| Phillipsite | 188 |
| Phillipsite (Erubescite) | 32 |
| Phlogopite | 160 |
| Phœnicite (Phœnicochroïte) | 107 |
| Phœnicochroïte | 107 |
| Pholérite | 165 |
| Phosgénite | 94 |
| Phosphorite | 124 |
| Phosphammite | 130 |
| Phosphuranylite | 136 |
| Photicite | 172 |
| Phyllite | 162 |
| Piauzite | E |
| Pickeringite | 114 |
| Picotite | 116 |
| Picranalcime | 185 |
| Picroallumogène | 113 |
| Picrolite | 164 |
| Picromérite | 113 |
| Picropharmacolite | 131 |
| Picrophylle | 169 |
| Picrosmine | 164 |
| Pictite | 183 |
| Piémontite | 151 |
| Pierre d'asperge | 123 |
| Pierre de croix (Staurotide) | 140 |

Nos des vitrines.

Pierre de lune 177
Pierre de savon du Maroc 164
Pierre de soleil 179
Pierre de tripes (Anhydrite) 97
Pilinite 163
Pilolite 164
Pimélite 164
Pinakiolite 119
Pinguite 165
Pinite 167
Pinnoïte 120
Pisanite 110
Pissasphalte E
Pissophane 112
Pistazite (Epidote) 130
Pistomésite 82
Pitkärantite 174
Pitticite 137
Plagionite 34
Planerite 132
Plâtre de Paris (Gypse) 108
Platine 4
Platiniridium Iridplatine 4
Plattnerite 62
Pléonaste 115
Pléonectite 125
Plessite 5
Pleurasite 129
Plinian 23
Plomb 5
— antimonié sulfuré (Bournonite, etc.) 36
— arséniaté (Mimétite) 125
— carbonaté (Cérusite) 88
— chlorocarbonaté (Phosgénite) 94
— chloruré (Cotunnite) 46
— chromaté (Crocoïte) 140
— corné (Phosgénite) 94
— hydroalumineux (Plombogummite) 136
— jaune (Wülfenite) 104

Nos des vitrines.

— molybdaté (Wülfenite) 104
— oxychloroioduré (Schwarzembergite) 47
— oxydé jaune (Massicot) 68
— oxydé brun (Plattnerite) 62
— oxydé rouge (Minium) 68
— phosphaté (Pyromorphite) 124
— sélénié, séléniuré (Clausthalite) 26
— sulfaté (Anglésite) 103
— — (Lanarkite) 107
— sulfaté cuprifère (Linarite) 107
— sulfaté tricarbonaté (Leadhillite) 107
— sulfocarbonaté cuprifère (Calédonite) 107
— sulfuré (Galène) 24
— sulfuré antimonifère (Bournonite) 36
— telluré (Altaïte) 26
— tungstaté (Stolzite) 105
— vanadiaté (Vanadinite) 125
Plomb-gomme (Plumbogummite) 136
Plombagine (Graphite) 191
Plombiérite 186
Plumbéine 25
Plumbocalcite 80
Plumboferrite 118
Plumbogummite 136
Plumbonacrite (Hydrocérusite) 93
Plumbostannite 40
Plumbostib 36
Plumosite 35
Poikilite (Erubescite) 33

| | Nos des vitrines. |
|---|---|
| Poix minérale | E |
| Polianite | 62 |
| Pollux | 176 |
| Polyargite | 180 |
| Polyarsénite | 128 |
| Polybasite | 40 |
| Polycrase | 139 |
| Polydymite | 17 |
| Polyhalite | 113 |
| Polymignite | 139 |
| Polysphérite | 124 |
| Poohnalite | 185 |
| Porpézite | 9 |
| Porricine | 170 |
| Porcellanspath | 181 |
| Potasse chlorurée (Sylvine) | 41 |
| — nitratée (Nitre) | 72 |
| — sulfatée (Aphthitalite) | 97 |
| — — (Taylorite) | 97 |
| Prase | 55 |
| Praséolite | 167 |
| Prehnite | 158 |
| Prehnitoïde (Dipyre) | 181 |
| Pricéite (Pandermite) | 120 |
| Prismatine | 140 |
| Prochlorite (Ripidolite) | 163 |
| Prosopite | 47 |
| Protovermiculite | 160 |
| Proustite | 37 |
| Przibramite | 70 |
| Psaturose (Stéphanite) | 39 |
| Pseudoapatite | 123 |
| Pseudobiotite | 160 |
| Pseudoboléite | 48 |
| Pseudobrookite | 67 |
| Pseudomalachite | 128 |
| Pseudophite | 163 |
| Pseudotriplite | 121 |
| Psilomélane | 96 |
| Ptérolite | 160 |
| Ptilolite | 190 |
| Pucherite | 122 |

| | Nos des vitrines. |
|---|---|
| Pufflerite | 187 |
| Pycnite | 144 |
| Pyknotrop | 164 |
| Pyrallolite | 164 et 169 |
| Pyrargillite | 167 |
| Pyrargyrite | 38 |
| Pyrénéite | 156 |
| Pyrgome (Fassaïte) | 170 |
| Pyrite | 17 |
| Pyrite blanche (Marcasite) | 22 |
| — magnétique (Pyrrhotine) | 16 |
| Pyroaurite | 72 |
| Pyrochlore | 138 |
| Pyrochroïte | 72 |
| Pyroidésine | 164 |
| Pyrolusite | 62 |
| Pyromorphite | 124 |
| Pyrope | 157 |
| Pyrophanite | 67 |
| Pyrophyllite | 165 |
| Pyrophysalite | 144 |
| Pyrorétinite | E |
| Pyrorthite | 151 |
| Pyrosclérite | *t* |
| Pyrosmalite | 159 |
| Pyrostilpnite | 38 |
| Pyroxène | 168 |
| Pyrrhite | 138 |
| Pyrrhoarsénite | 121 |
| Pyrrholite | 180 |
| Pyrrhotine | 16 |

## Q

| | |
|---|---|
| Quartz | 50 |
| — améthyste | 54 |
| — encapuchonné | 54 |
| — enfumé | 54 |
| — hématoïde | 54 |
| — hyalin | 54 |
| — laiteux | 55 |
| — résinite (Opale) | 69 |

| | Nos des vitrines. |
|---|---|
| — rose | 54 |
| — rubigineux | 55 |
| Quecksilber (Mercure) | 7 |
| Quecksilberhornfels (Calomel) | 46 |
| Quineyte | 164 |

## R

| | |
|---|---|
| Radiolite | 184 |
| Rahtite | 14 |
| Raimondite | 111 |
| Ralstonite | 47 |
| Ramirite | 127 |
| Rammelsbergite | 23 |
| Randannite | 69 |
| Randite | 95 |
| Ranite | 184 |
| Raphisidérite | 67 |
| Ratholite | 171 |
| Rauite | 184 |
| Réalgar | 10 |
| Rectorite | 160 |
| Reddingite | 130 |
| Redruthite (Chalcosine) | 27 |
| Reissite | 90 |
| Rensselaerite | 164 |
| Rétinasphalte | E |
| Rétinalite | 164 |
| Rétinite | E |
| Reussin | 108 |
| Rewdanskite | 164 |
| Rhabdite | 12 |
| Rhabdophane | 132 |
| Rhætizite | 143 |
| Rhodalose (Bieberite) | 111 |
| Rhodite | 9 |
| Rhodizite | 119 |
| Rhodoarsenian | I |
| Rhodochrome | 163 |
| Rhodochrosite (Diallogite) | 84 |
| Rhodoïse | 131 |
| Rhodonite | 172 |

| | Nos des vitrines. |
|---|---|
| Rhodophosphite | 25 |
| Rhodotilite | 187 |
| Rhyacolite (Sanidine) | 177 |
| Richellite | 134 |
| Richterite | 173 |
| Riebeckite | 174 |
| Rinkite | 172 |
| Ripidolite | 163 |
| Riponite (Dipyre) | 181 |
| Risséite | 90 |
| Rittingerite | 37 |
| Rivotite | 137 |
| Rœmerite | 114 |
| Rœpperite | 154 |
| Rœttisite | 164 |
| Rogersite | 139 |
| Romanzovite | 156 |
| Roméine | 120 |
| Roscoelite | 161 |
| Roselite | 130 |
| Rosellane | 180 |
| Rosenbuschite | 171 |
| Rosite | 180 |
| Rosterite | 176 |
| Rothoffite | 156 |
| Rothspiessglanzerz (Kermésite) | 40 |
| Rowlandite | 145 |
| Rubellane | 160 |
| Rubellite | 147 |
| Rubicelle (Spinelle) | 115 |
| Rubis | 64 |
| — balai (Spinelle) | 115 |
| — oriental (Corindon) | 64 |
| — spinelle | 115 |
| Rutile | 58 |

## S

| | |
|---|---|
| Sagénite | 59 |
| Sahlite | 169 |
| Salite | 169 |
| Salmiac | 41 |

| | N^os des vitrines. |
|---|---|
| Salpêtre (Nitre) | 72 |
| Samarskite | 139 |
| Sammetblende (Przibramite) | 17 |
| Sandbergerite | 39 |
| Sanguinite | 37 |
| Sanidine | 177 |
| Saphir (Corindon) | 64 |
| — astérié | 64 |
| Saphir d'eau (Cordiérite) | 167 |
| Saphirine | 140 |
| Saponite | 164 |
| Sarcolite | 182 |
| Sarcopside | 128 |
| Sardoine (Agate) | 57 |
| Sarkinite | 128 |
| Sartorite | 34 |
| Sassoline | 70 |
| Saualpite (Zoïsite) | 149 |
| Saussurite | 180 |
| Savon de Plombières | 165 |
| Savite | 184 |
| Scapolite | 181 |
| Schalenblende | 14 |
| Schapbachite | 35 |
| Scheelin calcaire (Scheelite) | 105 |
| — ferruginé (Wolfram) | 106 |
| Scheelite | 105 |
| Schefferite | 169 |
| Schérerite | E |
| Schieferspath | 79 |
| Schilfglaserz (Freieslebenite) | 36 |
| Schillerspath (Bastite) | 164 |
| Schirmerite | 34 |
| Schorlomite | 158 |
| Schraufite | E |
| Schreibersite | 12 |
| Schrifterz (Sylvanite) | 31 |
| Schwartzembergite | 47 |
| Schwatzite | 39 |
| Schwefel (Soufre) | 1 |
| Schwefelkies (Pyrite) | 17 |

| | N^os des vitrines. |
|---|---|
| Schwerbleierz (Plattnerite) | 68 |
| Schwerspath (Barytine) | 98 |
| Scléroclase (Sartorite, Dufrénoysite) | 35 |
| Scolécite | 185 |
| Scolopside | 166 |
| Scorodite | 132 |
| Scotiolite | 163 |
| Scoulérite | 184 |
| Seebachite | 189 |
| Selbite | *I* |
| Sel ammoniac (Salmiac) | 41 |
| Sel gemme | 41 |
| Selenblei (Clausthalite) | 26 |
| Selenkupfer (Berzélianite) | 29 |
| Selenkupferblei (Zorgite) | 26 |
| Selenquecksilber (Tiemannite) | 30 |
| Selensilber (Naumannite) | 27 |
| Selensulphur (Volcanite) | 2 |
| Selenwissmuthglanz (Guanajuatite) | 11 |
| Sellaïte | 46 |
| Séméline | 183 |
| Semi-opale (Opale) | 69 |
| Semseyite | 35 |
| Senarmontite | 49 |
| Sépiolite (Magnésite) | 164 |
| Serbian (Miloschine) | 165 |
| Séricite | 161 |
| Serpentine (Groupe de l'Antigorite, etc.) | 164 |
| Serpiérite | 111 |
| Sevérite | 165 |
| Seybertite | 162 |
| Sexangulite (Plumbéine) | 153 |
| Sibérite (Rubellite) | 147 |
| Sidérétine (Pitticite) | 137 |
| Sidérite | 55 |
| Sidérochrome (Chromite) | 117 |
| Sidéronatrite | 114 |
| Sidéroplésite | 85 |
| Sidérose | 84 |

| | Nos des vitrines. |
|---|---|
| Siegenite | 17 |
| Silberantimonglanz (Miargyrite) | 35 |
| Silberglanz (Argyrose) | 26 |
| Silberkupferglanz (Stromeyerite) | 28 |
| Silex, Silex nectite | 69 |
| Silfbergite | 173 |
| Sillimanite | 142 |
| Silver (Argent) | 6 |
| Simonyite (Blödite) | 113 |
| Sipylite | 138 |
| Sismondine | 162 |
| Skogbölite | 139 |
| Skutterudite | 23 |
| Smaltine | 21 |
| Smaragdite | 173 |
| Smaragdochalcite | 7 |
| Smithsonite | 82 |
| Snarumite | 172 |
| Sodalite | 166 |
| Sombrérite | 124 |
| Sommairite | 110 |
| Sommarugaïte | 21 |
| Sommervillite | 158 |
| Sommite (Néphéline) | 165 |
| Soufre | 1 |
| Spadaïte | 163 |
| Spartaïte | 80 |
| Spartalite (Zincite) | 63 |
| Spath brunissant (Calcite ferrifère) | 73 |
| Spath d'Islande (Calcite) | 73 |
| Spath fluor (Fluorine) | 43 |
| Spath perlé (Dolomie) | 80 |
| Spath satiné | 79 |
| Speiskobalt (Smaltine) | 21 |
| Sperkise (Marcasite) | 22 |
| Spessartine | 157 |
| Sperrylite | 22 |
| Sphalérite (Blende) | 13 |
| Sphène | 182 |
| Sphénoclase | 167 |

| | Nos des vitrines. |
|---|---|
| Sphérite | 135 |
| Sphérocobaltite | 85 |
| Sphérosidérite | 85 |
| Spiauterite | 15 |
| Spinelle | 115 |
| Spinellane (Noséane) | 166 |
| Spinelle zincifère (Gahnite) | 115 |
| Spinthère | 183 |
| Spodumen (Triphane) | 171 |
| Spreustein | 184 |
| Sprödglaserz (Stéphanite) | 39 |
| Staffelite | 123 |
| Stannite | 40 |
| Stassfurthite | 119 |
| Staurolite (Staurotide) | 140 |
| Staurotide | 140 |
| Steargillite | 165 |
| Stéatite | 164 |
| Steenstrupite | 140 |
| Steinmannite | 25 |
| Steinsalz (Sel gemme) | 41 |
| Stellite (Pectolite) | 171 |
| Stéphanite | 39 |
| Stercorite | 133 |
| Sternbergite | 33 |
| Stetefeldtite | 120 |
| Stibiconise | 133 |
| Stibine | 10 |
| Stiblite (Stibiconise) | 133 |
| Stibnite (Stibine) | 10 |
| Stilbite | 187 |
| Stilpnomélane | 163 |
| Stilpnosidérite | 67 |
| Stolpenite | 165 |
| Stolzite | 105 |
| Strahlerz (Clinoclasite) | 128 |
| Strahlstein (Actinote) | 173 |
| Stratopéite | 172 |
| Strengite | 132 |
| Striegisan | 135 |
| Striegovite | 163 |
| Stromeyerite | 28 |

| | Nos des vitrines. |
|---|---|
| Strontiane carbonatée (Strontianite) | 87 |
| — sulfatée (Célestine) | 101 |
| Strontianite | 87 |
| Struvite | 130 |
| Stypticite (Fibroferrite) | 112 |
| Succin (Succinite) | E |
| Succinite | E |
| Sulfoborite | 107 |
| Susannite | 107 |
| Sussexite | 119 |
| Svabite | 124 |
| Svanbergite | 137 |
| Sychnodymite | 17 |
| Sylvanite | 31 |
| Sylvine | 41 |
| Symplésite | 131 |
| Synadelphite | 129 |
| Syngenite | 113 |
| Sysserskite | 5 |
| Szabóite | 168 |
| Szaibélyite | 119 |
| Szmikite | 110 |

## T

| | |
|---|---|
| Tabaschir | 69 |
| Tabergite | 163 |
| Tachyhydrite | 46 |
| Tænite | 5 |
| Tagilite | 134 |
| Talc | 164 |
| Talc-apatite | 123 |
| Talc-chlorite | 163 |
| Talctriplite | 128 |
| Taltalite (Tourmaline) | 147 |
| Tamarite (Chalcophyllite) | 134 |
| Tamarugite | 114 |
| Tankite | 180 |
| Tantalite | 139 |
| Tapiolite | 139 |
| Tarapacaïte | 97 |
| Taraspite | 86 |
| Tarnowitzite | 86 |

| | Nos des vitrines. |
|---|---|
| Tasmanite | E |
| Taylorite | 97 |
| Técorétine | E |
| Télésie | 64 |
| Tellurblei (Altaïte) | 26 |
| Tellure auroargentifère (Sylvanite) | 31 |
| — auroplombifère (Nagyagite) | 31 |
| — graphique (Sylvanite) | 31 |
| — natif | 3 |
| Tellursilber (Hessite) | 27 |
| Tengerite | 95 |
| Tennantite | 39 |
| Ténorite | 68 |
| Téphroïte | 154 |
| Terre verte (Céladonite) | 163 |
| — de Vérone (Céladonite) | 163 |
| Teruelite (Dolomie) | 80 |
| Teschemacherite | 94 |
| Tétradymite | 11 |
| Tétraédrite (Panabase) | 38 |
| Tétragophosphite | 129 |
| Tétraphyline | 121 |
| Téxasite (Zaratite) | 95 |
| Thalactérite | 172 |
| Thalite | 164 |
| Thallite (Epidote) | 150 |
| Tharandite | 81 |
| Thaumasite | 190 |
| Thénardite | 97 |
| Thermonatrite | 94 |
| Thermophyllite | 164 |
| Thiorsauite | 180 |
| Thomsénolite | 47 |
| Thomsonite | 184 |
| Thorite | 62 |
| Thraulite | 163 |
| Thorogummite | 190 |
| Thraulite | 163 |
| Thulite | 149 |
| Thuringite | 163 |
| Tiemannite | 30 |

| | Nos des vitrines. |
|---|---|
| Tilasite | 121 |
| Tin Etain) | |
| Tinkal (Borax) | 119 |
| Titanaugite | 170 |
| Titaneisen (Ilménite) | 67 |
| Titane calcaréosiliceux (Sphène) | 182 |
| — oxydé (Anatase) | 58 |
| — — (Brookite) | 58 |
| — — (Rutile) | 58 |
| Titanite (Sphène) | 182 |
| Titanolivine | 154 |
| Topaze | 143 |
| — orientale | 68 |
| Topazolite | 156 |
| Torbanite | E |
| Torbernite (Chalcolite) | 137 |
| Tourmaline | 146 |
| Traversellite | 169 |
| Trémolite | 173 |
| Triclasite | 167 |
| Tridymite | 57 |
| Triphane | 171 |
| Triphyline | 121 |
| Triplite | 128 |
| Tripoli | 69 |
| Triploïdite | 128 |
| Tritomite | 141 |
| Trœgerite | 136 |
| Troïlite | 15 |
| Trona | 94 |
| Troostite | 155 |
| Tscheffkinite | 183 |
| Tschermakite | 179 |
| Tschermigite | 114 |
| Tungstite | 49 |
| Turgite | 70 |
| Turnerite | 122 |
| Turquoise | 135 |
| Tyrite | 138 |
| Tyrolite | 134 |
| Tysonite | 46 |

# U

| | Nos des vitrines. |
|---|---|
| Uintahite | E |
| Ulexite | 120 |
| Ullmannite | 21 |
| Umangite | 23 |
| Uraconise | 112 |
| Uranblüthe (Zippéite) | 113 |
| Urane arséniaté (Trœgerite) | 136 |
| — — (Walpurgine) | 137 |
| — carbonaté (Liebigite) | 95 |
| — — (Uranothallite) | 95 |
| — — (Randite) | 95 |
| — — (Voglite) | 95 |
| — oxydulé (Uraninite) | 115 |
| — phosphaté (Autunite) | 136 |
| — — (Chalcolite) | 136 |
| — — (Uranocircite) | 136 |
| — silicaté (Gummite) | 190 |
| — sulfaté (Johannite) | 112 |
| — — (Medjidite) | 113 |
| — — (Uraconite) | 113 |
| — — (Zippéite) | 113 |
| Uraninite | 115 |
| Uranite (Autunite) | 136 |
| Uranocalcite | 112 |
| Uranocircite | 136 |
| Uranoniobite (Samarskite) | 139 |
| Uranophane | 190 |
| Uranospinite | 136 |
| Uranothallite | 95 |
| Uranothorite | 62 |
| Uranotile | 190 |
| Uranpecherz (Uraninite) | 114 |
| Urao (Trona) | 95 |
| Urbanite | 169 |

| | Nos des vitrines. |
|---|---|
| Urdite | 122 |
| Urvölgyite (Herrengrundite) | 111 |
| Utahite | 112 |

## V

| | |
|---|---|
| Vaalite | 160 |
| Valencianite | 177 |
| Valentinite | 49 |
| Vallériite | I |
| Vanadinite | 125 |
| Vanuxémite | 141 |
| Variscite | 132 |
| Vauquelinite | 130 |
| Venasquite | 162 |
| Vermiculite | 160 |
| Vésuvianite (Idocrase) | 151 |
| Veszélyite | 134 |
| Vietinghofite | 139 |
| Villarsite | 154 |
| Violane | 169 |
| Vivianite | 131 |
| Vœlknerite (Hydrotalcite) | 72 |
| Voglite | 95 |
| Voigtite | 160 |
| Volborthite | 127 |
| Volcanite | 2 |
| Volnyne | 100 |
| Voltaïte | 114 |
| Voltzine | 40 |
| Vorhauserite | 164 |

## W

| | Nos des vitrines. |
|---|---|
| Wad | 96 |
| Wagnerite | 127 |
| Walkerite (Pectolite) | 171 |
| Walpurgite | 137 |
| Waltherite | 95 |
| Waluewite | 162 |
| Wapplerite | 133 |
| Warringtonite (Brochantite) | 107 |
| Warwickite | 140 |
| Washingtonite | 67 |
| Wavellite | 134 |
| Webskyite | 164 |
| Websterite | 111 |
| Weissgiltigerz (Freibergite) | 39 |
| Weissigite | 177 |
| Weissite | 167 |
| Weissnickelkies (Rammelsbergite) | 23 |
| Wernerites (Groupe des) | 181 |
| Whewellite | E |
| Whitneyite | 23 |
| Willemite | 155 |
| Williamsite | 164 |
| Wilsonite | 181 |
| Wiluite | 163 |
| Wiserine | 58 |
| Wismuth (Bismuth) | 4 |
| Wismuthglanz (Bismuthinite) | 11 |
| Wismuthsilbererz (Schapbachite) | 35 |
| Withamite | 151 |
| Withérite | 87 |
| Wittichenite | 36 |
| Wocheinite (Beauxite) | 71 |
| Wœhlerite | 171 |
| Wœhlchite | 36 |
| Wœrthite | 142 |
| Wolchonskoïte | 165 |
| Wolfram | 106 |
| Wolframine (Tungstite) | 49 |
| Wolframochre (Tungstite) | 49 |
| Wolfsbergite (Chalcostibite) | 34 |
| Wollastonite | 171 |
| Woodwardite | 114 |
| Wülfenite | 104 |
| Würfelerz (Pharmacosidérite) | 134 |
| Würtzite | 15 |

| | Nos des vitrines. |
|---|---|

# X

| | |
|---|---|
| Xalostocite | 156 |
| Xanthitane | 183 |
| Xanthoconite | 37 |
| Xantholite | 140 |
| Xanthophyllite | 162 |
| Xanthosidérite | 71 |
| Xénolite | 142 |
| Xénotime | 121 |
| Xonoltite | 186 |
| Xylotile | 164 |

# Y

| | |
|---|---|
| Yanolite (Axinite) | 159 |
| Yénite (Ilvaïte) | 148 |
| Ypoléime (Lunnite) | 128 |
| Yttérite (Tengerite) | 95 |
| Yttria carbonatée (Tengerite) | 95 |
| — fluatée (Yttrocérite) | 47 |
| — phosphatée (Xénotime) | 121 |
| Yttrialite | 145 |
| Yttrocérite | 47 |
| Yttrogummite | 190 |
| Yttroilménite (Samarskite) | 139 |
| Yttrotantalite | 139 |
| Yttrotitanite (Keilhauite) | 183 |

# Z

| | Nos des vitrines. |
|---|---|
| Zaratite | 95 |
| Zéagonite (Gismondine) | 188 |
| Zéolites (Groupe des) | 184 |
| Zepharovichite | 133 |
| Zeunerite | 137 |
| Zeugite | 133 |
| Zietrinsikite | E |
| Ziguéline (Cuprite) | 67 |
| Zinc arséniaté (Adamine) | 127 |
| — — (Köttigite) | 132 |
| — carbonaté (Smithsonite) | 82 |
| — hydraté (Hydrozincite) | 86 |
| — oxydé (Zincite) | 62 |
| — phosphaté (Hopéite) | 131 |
| — silicaté (Calamine) | 141 |
| — — (Willemite) | 155 |
| — sulfaté (Goslarite) | 111 |
| — sulfuré (Blende) | 13 |
| — — (Würtzite) | 15 |
| Zincaluminite | 114 |
| Zincite | 63 |
| Zincocalcite | 80 |
| Zinconise (Hydrozincite) | 86 |
| Zinkblüthe (Hydrozincite) | 86 |
| Zinkenite | 34 |
| Zinkvitriol (Goslarite) | 111 |
| Zinnerz (Cassitérite) | 63 |
| Zinnkies (Stannite) | 40 |
| Zinnwaldite | 161 |
| Zippéite | 112 |
| Zircon | 60 |
| Zoïsite | 149 |
| Zorgite | 26 |
| Zundererz | 35 |
| Zunyite | 141 |
| Zurlite (Humboldtilite) | 165 |
| Zwieselite | 128 |
| Zygadite | 179 |

MACON, PROTAT FRÈRES, IMPRIMEURS.

# PLAN DE LA COLLECTION DE MINÉRALOGIE

(REZ-DE-CHAUSSÉE DE LA GALERIE DE MINÉRALOGIE)

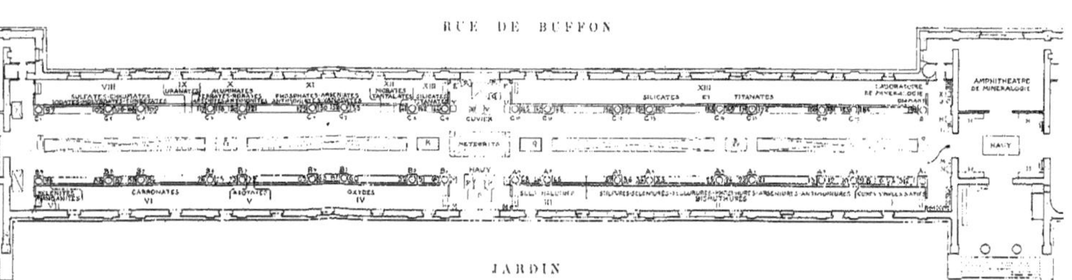


La Collection générale est située dans les vitrines et armoires *entre colonnes*, numérotées de 1 à 192 ; les composés organiques sont renfermés dans l'armoire $E_1$ à gauche de la fenêtre donnant sur la rue de Buffon.

La *Collection des minéraux de la France et de ses Colonies* se trouve dans les armoires *contre colonne* $A_1$ à $A_8$ *1re travée de gauche ;*

La *Collection technologique* — — — $B_1$ à $B_8$ *2e travée de gauche ;*

La *Collection des gisements des minéraux* — — — $C_4$ à $C_{17}$ *1re et 2e travées de droite ;*

La *Collection des pierres précieuses taillées* — dans l'armoire *contre colonne* D *2e travée de droite, en entrant.*

Les collections ou objets suivants sont placés hors série :

*Près de l'entrée :* à gauche : M. Bloc de zaratite. N. Gros cristal de gypse.

à droite : L. Gros cristal de béryl. H. Collection de pierres précieuses de Haüy. J. Monument en basalte élevé à la mémoire de Dolomieu. K. Catalogue.

*Au milieu de la galerie :* S. Deux vases sculptés en marbre. R. Q. Tables et meubles contenant de gros échantillons hors série. T. Vase monumental en tuf porphyrique.

*Près de la fenêtre du jardin :* P. Trois tables en marqueterie.

— *de la rue de Buffon :* E. Armoire des composés organiques. F. Armoire d'objets hors série. $P_1$. Tables recouvertes par des collections de roches et de marbres polis. G. Collection de rubis obtenus synthétiquement par MM. Frémy et Verneuil. U. Groupe de gros cristaux de quartz. V. Bloc de nouméite de Nouvelle-Calédonie. X. Blocs de cinabre et de réalgar. Y. Collection de graphite et de jade de Sibérie.

Dans la salle d'entrée se trouvent la collection de Haüy, placée dans un meuble central, et quatre vitrines latérales (H), ainsi que deux vitrines renfermant les modèles cristallographiques de Romé de Lisle.

---

*Les Meubles, placés au milieu de la galerie, qui sont dépourvus de numérotage renferment les collections géologiques dont fait partie la collection de météorites.*

## JOURS ET HEURES D'OUVERTURE

### DE LA

# GALERIE DE MINÉRALOGIE

---

La Galerie de Minéralogie est *publique* les **dimanches, jeudis** et **jours de fête**.

Les **mardis, vendredis** et **samedis** elle est ouverte sur la présentation de billets délivrés sans formalités au bureau de l'**Administration**.

---

Le présent Catalogue est vendu au prix de **1 fr. 25**.

MACON, PROTAT FRÈRES, IMPRIMEURS.

www.ingramcontent.com/pod-product-compliance
Lightning Source LLC
LaVergne TN
LVHW020039170826
845678LV00001B/325
* 9 7 8 2 3 2 9 6 9 0 9 3 3 *